第五辑
（2018年）

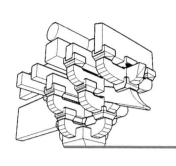

北京古代建筑博物馆 编

北京古代建筑博物馆文丛

学苑出版社

图书在版编目（CIP）数据

北京古代建筑博物馆文丛. 第五辑 / 北京古代建筑博物馆编. — 北京：学苑出版社，2019.1

ISBN 978-7-5077-5600-5

Ⅰ. ①北… Ⅱ. ①北… Ⅲ. ①古建筑—博物馆—北京—文集 Ⅳ. ① TU-092.2

中国版本图书馆 CIP 数据核字（2019）第 262834 号

责任编辑：周　鼎
出版发行：学苑出版社
社　　址：北京市丰台区南方庄2号院1号楼
邮政编码：100079
网　　址：www.book001.com
电子信箱：xueyuanpress@163.com
联系电话：010-67601101（营销部）、010-67603091（总编室）
经　　销：全国新华书店
印　刷　厂：三河市灵山兰芝印刷有限公司
开本尺寸：787×1092　1/16
印　　张：16.75
字　　数：400千字
版　　次：2019年1月第1版
印　　次：2019年1月第1次印刷
定　　价：298.00元

国家文物局副局长宋新潮调研清代耤田遗址考古工程

北京市政协主席吉林考察先农坛

北京市副市长王宁参加先农坛文物腾退现场推进会

中共北京市委宣传部部长杜飞进视察先农坛庆成宫

参加北京市文物局在安徽蚌埠举办的"撷彩京华"文博联展

加拿大皇家安大略博物馆馆长参观先农坛

"北京四合院门礅儿艺术展"室外场景

"北京四合院门礅儿艺术展"室内场景

讲解"北京四合院门礅儿艺术展"

"华夏神工"展在太平街社区

北京志愿服务总队旗下小小志愿者活动

在史家胡同小学做中国古代牌楼授课

参观西城消防支队

为专职安保人员（文博特勤）作消防培训

举办三八妇女节活动

在怀柔第一党支部纪念馆参观

清代耤田遗址考古工程

先农坛古树更换新的标识牌

举办"北京先蚕坛史料与明清先蚕祭享研究"市社科规划办课题专家会

举办"北京先农坛清末十二月将祭祀复原"局级课题专家会

举办"从先农坛近现代历史变迁提出其未来整体保护发展的思路"
市文物局大调研课题专家会

举办"雍正帝与地方先农坛"讲座

召开 2018 年馆学术委员会例会

召开本馆职工大会

召开专题读书会

参加在香港举办的"创科博览 2018"活动

4月20日，"博物馆，有范逛"邀请了北京古代建筑博物馆社教部副主任李莹，带您感受了历史和时光的厚重感。

北京古代建筑博物馆位于永定门大街西侧的先农坛内。这组古建筑群始建于明永乐十八年（1420年），是明清两代皇帝祭祀先农以及举行亲耕耤田典礼的地方。

做客北京城市广播节目介绍博物馆

北京古代建筑博物馆文丛
第五辑（2018 年）

编 委 会

目　录

文物古建修缮及研究

北京古代建筑博物馆文丛　第五辑　2018年

史地及坛庙研究

帝念民依重耕桑　肇新千耤考典章

——明清以来北京先农坛的耤田故事

◎张敏

　　北京先农坛是明清两代皇帝祭祀先农并且举行亲耕耤田典礼的地方，先农坛内的耤田是重要的历史文物景观。作为重要的国家祭祀场所，北京先农坛自明永乐十八年（1420）始建至今，已经历近600年的风雨沧桑，其间耤田的规制、使用等亦随不同时期政令所颁而有增损减益。本文拟就明清以来北京先农坛内耤田的规制沿革做以梳理。恰逢北京文化中心建设加快步伐、中轴线申遗工作大力推进的今天，北京先农坛作为北京中轴线南端西侧重要的历史文物建筑群，其中具有核心价值体现的耤田遗址的文物腾退工作正在进行，于此时做一些史料梳理工作，回看这块特殊的田地和在这块田地上驻足的重要历史人物和发生的故事，对于深入挖掘文物遗址的历史文化价值，为腾退后的遗迹恢复以及借此开展的文化教育活动提供一些思路，我想是必要且有益的。

一、明清以来北京先农坛内耤田的规制沿革

　　上溯到周代，天子扶犁亲耕的礼仪作为国家的一项典章制度即被确定下来，其后虽朝代更迭，历数千年而绵延，至明清时期随着典章制度的完备而至臻完善。天子扶犁亲耕的田地称为"耤田"，在耤田中举行的以天子亲耕为核心内容的仪式典礼称为"耤田礼"。

　　明永乐迁都北京后，在中轴线的南端西侧建山川坛，明万历四年（1576）改称先农坛，清代沿用，耤田就在北京先农坛内。据成书于明天顺年间的明代官修地理总志《明一统志》载："山川坛在天地坛之西，缭以垣。坛周回六里，中为殿宇，以祀太岁、风、云、雷、雨、岳、镇、海、渎，东西二庑，以祀山川、月将、城隍之神；左为旗纛庙，西

南为先农坛，下皆耤田。"① 这段记载描述了山川坛，即先农坛所在位置、坛内主要建筑以及祭祀对象，指出先农坛内有大片耤田，具体田亩面积未提及。在《明史》中记载："永乐中建坛京师……设坛地六百亩，供黍、稷及荐新品物地九十余亩。每岁仲春上戊，顺天府尹致祭。后凡遇登极之初，行耕耤礼，则亲祭。"② 《明史》中的记载与《天府广记》中记载可相互参详："护坛地六百亩，供黍、稷及荐新品物。又地九十四亩有奇，每年额税四石七斗有奇，太常寺会同礼部收贮神仓，以备旱涝。又令坛官种一百九十亩，坛户二百六十六亩七分。上耕耤田亲祭，余年顺天府尹祭。嘉靖中，建圆廪方仓以贮粢盛。"③ 这两段记载进一步明确了护坛地、太常寺额收、坛官、坛户等分别耕作田亩。

至明嘉靖九年（1530），在典章制度改革中将耤田的地亩使用分配、种植种类、收获存放、用途和种子来源都给予明确规定："嘉靖九年，令以耤田旧地六顷三十五亩九分六厘五毫拨与坛丁耕种，岁出黍、稷、稻、粱、芹、韭等项。余地四顷八十七亩六分二厘九毫，除建神祇坛外，其余九十四亩二分五厘六丝四忽亦拨与坛丁耕种。上纳子粒俱输于南郊神廪，以供大祀等项粢盛。十年，户部题准，耤田五谷种子，每亩合用一斗，本部拨银，行顺天府收买送用，以后年分，于收获数内照地存留备用。"④ 至此，我们大致归纳出明代耤田和耤田礼相关信息：耤田中六百余亩护坛地种植黍、稷、稻等，收获用以品物荐新；九十余亩田地收获由太常寺额收以备旱涝；皇帝亲耕收获存贮神仓以供祭祀粢盛；耤田种子在嘉靖十年时由顺天府购买，以后逐年种子取自耤田收获。可见，明代的耤田是指数百亩的土地面积，皇帝亲耕并非常举，登极之年的亲耕仪式在其中的核心区域举行。

及至清代，据吴振棫所撰清代史料笔记《养吉斋丛录》记载："先农坛围墙内，有地一千七百亩。旧以二百亩给坛户，种五谷蔬菜，以供祭祀。其一千五百亩，岁纳租银二百两，储修葺之需。康熙间，将地拨与园头，粢盛无所从出。雍正元年，命清还地亩，仍给太常寺坛户耕种。"⑤ 由此推断，坛户所种的二百亩，收获用于祭祀，这片田地当称为耤田。

①《明一统志》卷一。
②《明史》卷四十九。
③《天府广记》卷八。
④《明会典》卷五一。
⑤《养吉斋丛录》卷八。

清代，皇帝亲耕次数较前有了大增加。从雍正二年（1724）起至雍正十三年（1735），雍正皇帝皆亲赴南郊致祭先农，亲耕耤田。乾隆在位六十年，亲耕次数达到二十八次。天子亲耕与诸

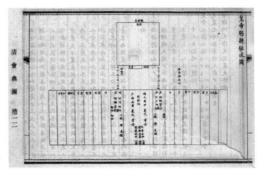

王九卿从耕的播种品种也有明确规定："顺治十一年，又题准：耕耤前一日，顺天府以龙亭三，载躬耕耒耜、鞭、稻种青箱；以彩亭四，载诸王从耕麦种、谷种青箱；九卿从耕豆种、黍种青箱，至午门外停止。"①自清顺治十一年（1654）首开清代帝王行耕耤礼时，即定制在耕耤礼中，天子播稻种，诸王播麦种、谷种，九卿播豆种、黍种。皇帝亲临先农坛频率增加，除修缮坛区外，皇帝亲耕的礼仪规制也更加严谨完善，其中涉及皇帝亲耕之田——"帝耤"的概念。《清会典事例》中如是记载："凡耕耤之礼，置耤田于先农坛之东南，中为帝耤，筑台于耤田北，为皇帝观耕之位。"②在《光绪朝会典图》中载："观耕台方五丈，高五尺……台前为耤田一亩三分。"③此时的耤田已明确指为观耕台前的一亩三分地，皇帝亲耕耤田，又称为"帝耤"。《清会典》卷七四载："既获，则告成，乃纳帝耤之实于神仓，供粢盛焉。玉粒告成，由顺天府以稻、黍、谷、麦、豆之数具题，交钦天监择吉藏于神仓。"

这一亩三分是否全部由皇帝耕种呢?《清会典》卷三五载："亲耕之田，长十一丈，宽四丈。"意即在这一亩三分地（按清制折算，约800平方米）中亲耕面积为长十一丈、宽四丈的面积（按清制折算，约450平方米）。一亩三分地中除亲耕以外的地方是放置稻种彩亭、工歌、彩旗等仪仗的地方。而在一亩三分地东西两侧一字排开的是王卿、六部官员从耕的田亩。

历代天子亲耕都是遵从周天子三推之制，清代前期也不例外。但自雍正帝始，天子三推之后复加一推，即多耕作一个来回以示尚农，复加一推成为雍正帝之后的定制。三推之后复加一推，绝不仅仅是数量的增加、形式的改变，而是借此传递更深层次的信息。自古以来，"务农

---

① 《清会典事例》卷三一三。
② 《清会典事例》卷三一三。
③ 《光绪朝会典图》卷十二。

桑兮为政本，兴礼节兮崇教资。民乃力穑，岁无阻饥"[1]，农业是一切礼乐教化的根本，"政本""教资"是耤田礼的大旨。通过耤田礼向全天下发出的是农为政本、礼为教资的训谕，推耕次数的累加正是对这种信息的强化。

先农坛在清乾隆十九年（1755）经历了一次较大修缮。据《清朝文献通考卷》——○载："（乾隆）十九年三月，重修先农坛。十八年冬奉谕旨：朕每岁亲耕耤田，而先农坛年久未加崇饰，不足称朕祗肃明禋之意。今两郊大工告竣，应将先农坛修缮鼎新。其外墙隙地，老圃于彼灌园，殊为亵渎，应多植松、柏、榆、槐，俾成阴郁翠，庶足以昭虔妥灵。该部会同查明具奏。总理工程王大臣遵旨详议。……墙外隙地一千七百亩，乘时种树，交太常寺饬坛户敬谨守护。疏上，从之。"从此，先农坛的面貌发生了改变。时隔数年，当戊寅年（乾隆二十三年，1758）乾隆皇帝再到先农坛行耤礼时满怀欣慰地留下了"松柏笼垣古，坛墙拘鼎新。粢盛供上帝，淳濯倍增寅"的诗句。坛区经过整饬，更加肃穆庄严，苍松翠柏掩映下的先农坛，实为天人交流的理想所在，是农神在人间的圣地。

历史进入民国时期，北京先农坛作为农业帝国祭祀农神的坛庙重地，其历史作用已经完成，在其后的散见资料中多是对前朝的追忆。由北平中华印书局在 1935 年出版发行的《北平游览指南》中记载的亲耕耤田为"明、清两代，每岁享先农礼毕，亲耕方广一亩三分，臣庶从耕者三十亩……"时光更迭，北京先农坛内的耤田也随着坛庙功能的终结而日渐被淹没与遗忘，耤田遗址曾长期为北京育才学校使用，作为学生的篮球运动场。借着北京中轴线申遗工作的大力推进，北京古代建筑博物馆于 2018 年内将完成清代耤田遗址（即"一亩三分地"）的腾退工作，更好地开展文化活动，展现北京南中轴线先农坛皇家坛庙建筑群的历史风貌。

二、耤田典礼中的故事几例

（一）嘉靖皇帝在耤田仪礼中的一张一弛

自嘉靖九年（1530）至嘉靖十一年（1532）三月，是对郊坛祀典进行改制和增补的集中时期。营建项目主要有在南郊原大祀殿南增建圜丘，圜丘外增建崇雩坛；对山川坛做局部改动，增建天神地祇坛；北郊增建方丘与先蚕坛，东西郊建朝日夕月坛。其间又改先蚕坛于西苑东北，建帝社稷坛于西苑东南，建历代帝王庙于阜成门内大街以北，大体形成我们今日所见的北京坛庙建筑格局。在这次郊庙改革中，就亲耕祭礼的内容也有明确规定："凡祭祀粢盛，旧取给于耤田祠祭署。嘉靖十年议准：每岁耤田所出者，藏之神仓，以供圜丘、祈谷、先农、神祇坛、各陵寝、历代帝王庙及百神之祀。西苑所出者，藏之恒裕仓，以供方泽、朝日、夕月、宗庙、社稷、先蚕、先师孔子之祀。"① 这是明清以来就祭祀粢盛之藏取最为井然的时期，加之前文所述，在嘉靖九年（1530）关于耤田的地亩使用分配、种植种类、收获存放、用途和种子来源等的明确规定，单从祭礼本身的角度讲，世宗改制厘清了祭礼制度中由于史籍阙如而产生的理解歧义，规范了耕耤祭祀体系，而且对耕耤礼的思想内涵也有更深刻和清晰的认识。《国朝典故》卷三十五载：（嘉靖）初，亲耕礼成，礼科给事中王玑言："耕耤实务有四：一供粢盛，二知稼穑艰难，三慎锡财用，四率公卿百官皆重农，以风示天下，使知务本。上是其言。"透过这一个历史侧面，可以感受在嘉靖中兴的历史时期，年轻皇帝勇于变更祖制、厘正典仪、对抗陈腐观念的锐意精神。

嘉靖三十八年（1559）罢亲耕，唯遣官祭先农，四十一年（1562）并令所司勿复奏。隆庆元年罢西苑耕种诸祭祀，皆取之耤田。在嘉靖统治后期，励精图治的希望终至淹没于嘉靖帝崇道玄修的重重雾霭中。正如有学者评价："家国牵羁，六趣牵缠，世宗的生命旅程因之错综芜杂，也因之增色减色，因之充满希望与失落，充满追求与幻灭，充满期待，也不乏惆怅。"这耤田礼中的一张一弛，不仅是嘉靖皇帝思想变化、人生跌宕的个人写照，更因为农业帝国之重农尚农、以农立国的特质而成

---

① 《明会典》卷二一五。

为中国历史大剧中的一个重要桥段。

（二）乾隆皇帝与先农坛的告别

乾隆皇帝与北京先农坛结缘颇深，《劝农纪典》册是乾隆皇帝79岁，即己酉（乾隆五十四年，1789）春日在北京先农坛亲耕耤田礼成后手录的历年创作"亲祀先农"述事诗及禾词，是清代帝王亲飨先农以示"重农务耕"的真实写照。在《劝农纪典》册中，乾隆皇帝与北京先农坛的告别充满了功成圆满的自豪，而字里行间也流露出壮士暮年的留恋。

乾隆皇帝曾在75岁高龄来先农坛亲耕耤田时有一段留给后代子孙的训诫，《清朝通志》中载："嗣后我子孙继承奕禩，唯当不懈。凡遇亲耕典礼，若年在六十以内，礼部自应照例具题，年年躬行耕耤之礼。若年逾六十，令礼部先期以亲莅或遣官之处，具本题请，庶钜典，不尚虚文，而展礼益昭诚。恪著为令。凡耕耤祭先农坛，遇遣官恭代之岁，顺天府府尹率属耕耤如礼。"[1]在传统的农业社会，重农尚农是全天下的普世价值，"岁岁躬亲不遑逸，劝农家法式勤思"，天家一脉正是这种普世价值观的倡导者和引领者。

乾隆皇帝最后一次来到先农坛耕耤行礼是在己酉年，即乾隆五十四年（1789），此时的乾隆皇帝已是七十九岁高龄。其己酉年述事诗写道："廿七承明祀，八旬近次年。"诗中夹注："五十四年之间已亲祀廿七次，年近八旬欲于今后年间凡中祀皆亲祭一周，自后即可依例遣官。"这是乾隆皇帝与北京先农坛半个多世纪以来的最后一次遇见，注定是不寻常的一次。执政五十四年，已然七十九岁高龄，与先农坛的告别是否也寓意着与更多人事的告别？"及兹能执礼，于是尽心虔。兴谷功垂古，绥丰惠助天。"承蒙上天的眷顾，源自内心的虔诚，兴农功垂千古，丰稔赖报天恩，这更像是乾隆皇帝对数十次祭农礼的总结，同时也是执掌这个农业帝国千般竞渡数十载的感悟！"礼成逮观瘗，欲退意卷然"，一场繁华的落幕是否也杂糅着更多的心理活动，功成身退的留连？渐入老境的落寞？或者兼而有之吧。

告别之行的述事诗稍显沉重，而当日所作禾词就轻松许多，且充满豪气。"七旬有九勤耕耤，自审庶无负古稀"，这是乾隆皇帝对自己

<hr />

[1] 《清朝通志》卷三十七。

高龄而不辍祭礼的自我评价，无负古稀绝不仅仅表现于此，念兹在兹，塑造的是半个多世纪勤政爱民的明君形象。"中祀一周行合当，及兹身体尚康强。尽予恳欵抱蜀职，能此都缘天锡祥。"这是《劝农纪典》册中最后一首禾词，乾隆皇帝再次重申"予立愿归政以前，郊庙大祀岁必躬亲近思，中祀亦欲于两三年内皆亲祭一周。盖自揣八旬之年，蒙天眷佑精力尚强，勉尽恪虔以尽为君之职，此后则当依例遣官矣"。抱蜀之职源于天赐嘉祥，这正是仁君厚德的终极信念，想必乾隆皇帝写下此句时，内心当是充满着激越豪情的！

（三）嘉庆与道光皇帝在耤田礼上的一怒一笑

据《仁宗实录》卷三〇四载：嘉庆二十年三月"谕内阁：本日朕躬耕耤田，顺天府所备牛只甚不驯习。更换副用之牛，仍不服驭，御前侍卫十余人勉强驱驾，始克四推礼成。迨登台观耕，其三王九卿所用耕牛，亦俱不驯扰，不能终亩，甚至有奔逸者，殊不足以肃观瞻。耕耤为劝农大典，顺天府供备牛只，平时不勤加演习，玩忽从事。着将专司供办之大兴县知县沈守恒、宛平县知县张洽俱先行革去顶戴，交部严加议处；顺天府府尹费锡章系专辖之员，着交部严加议处；刘钚之系兼管之员，着交部议处。所有此次一切例赏，概行停给。嗣后该府尹当督率所属，先期认真教演，敬谨将事，以重典章。"通过这段记载，可以想见耤田仪式上的混乱场面，因耤田礼中牛只的不驯服而追究管理人员的失职，相关人员亦遭革职查问。本是春日晴好，天子与万民欢欣奉祀的日子，却因耤田礼的有失而致龙颜大怒。

有清一代，在多次天子亲耕中，耕牛的不驯并不是绝无仅有的，而皇帝的处理方式却有很大不同。在《养吉斋丛录》附录中记载："道光间，亥耤之日，从耕将终，牛有脱轭而逸者，上一笑而起。圣度宽宏，不苟小失如此。"遍寻道光实录，并无这一内容的记载，如果不是笔记作者的杜撰，就是认定为"小失"而不足记录。革职严惩、以重典章，抑或一笑而起、不苟小失，皆是雨露天恩，从中我们能体味的是天子的至情至性，是历史的生动鲜活。

综上，梳理北京先农坛中明清耤田遗址的沿革演变，回望明清数位皇帝在耤田礼中的驻足，并不仅止于追究耤田的大小变化，也不局限于翻检几位皇帝的逸闻趣事。作为历史工作者，我们清醒地意识到，因这块田地的特殊而追寻在此留下历史足迹的重要历史人物，对于挖掘这一文物遗址的深刻文化内涵，传承优秀传统文化，都是意义重大的。作为北京先农坛的管理使用者，我们有义务和责任梳理历史，还原本真，求溯根脉，认识耤田礼之于传统的农业文明、古老的祭祀传统以及封建时代国家政治统治的重要意义，优秀传统文化的转化也就借此而来。我们的努力正是为了让过往保持鲜活的温度，让活起来的历史成为我们今天和明天更好的希望和启示。

张敏（北京古代建筑博物馆　副馆长）

民国时期的北京先农坛

◎董绍鹏

北京先农坛，作为历史上一处封建时代的祭祀坛场，它的存在与历史上的统治阶层政治需要、政治利益密切相关。因此，北京先农坛在清亡前，无论是处在什么样的政治环境中，它的祭祀功能都得以延续，并不因一人一事而中断。

1911年辛亥革命后，清代封建统治者赋予北京先农坛的神祇祭祀功能消失。先农坛在新时代又有了新的身份，开始了国民共享的新历程，但这一历程历尽坎坷，从新时代的繁荣，到之后的平淡、沉寂、破落，伴随着38年的民国全程始终。

北京先农坛民国时期的兴衰，是民国兴衰的历史写照和一面镜鉴。

一、民国先农坛坛区的变迁

1911年，辛亥革命推翻了清王朝的腐朽统治，北京先农坛也由一处皇家专有的禁地，转而变为民国公有财产。民国北京政府成立后，内务部接管了全城坛庙，全权处理坛庙事务，先农坛自然也归属民国内务部。

1915年，因为社稷坛已经开办为市民公园，当时的京都市政公所（市政府）发布文告，考虑为市民在南城增添游玩场所，而先农坛古木参天，环境优雅，"天生的一处游玩之地"，因此将位于南城的先农坛开辟为先农坛公园。

这时的先农坛还是完整的，只不过为了游人进出坛区的方便，在今永安路的北外坛墙上开了一两处缺口，作为游人进出的大门。1914年底，这里被商人承租开辟"城南游艺园"。这个游艺园由小做大，由简单到复杂，活动内容由少至多，成为当时北京城罕有的包含新时代新鲜内容的综合活动场所。城南游艺园开业时间大致持续了十几年，北京市民对园内的新鲜游乐项目逐渐失去兴趣，因此从20世纪20年代开始陆续关门歇业，1930年彻底关张。但这一区域（今友谊医院西区）却一直仍然以城南游艺园作为俗称，在40年代又开办了屠宰场。

1917年，北外坛被改为"城南公园"，先农坛公园仅指内坛区。

1918年，民国内务部将两个公园合并，统称城南公园。从此，城南公园作为先农坛的新历史身份，延续到1950年9月。

南外坛尤其是庆成宫以南的空地，民国建立不久就在这里进行体育活动，又以足球运动为主，称"公共体育场"，为日后这里改为运动场打下了伏笔。

民国初年开始尤其是进入20世纪20年代，因为北外坛区拥有大片空地，京城和外省的贫民、流民逐渐加以蚕食，陆续搬进这一区域摆摊、设点（类似今日的棚户区），做着各类今天我们所说的社会低层生计，也因此，这里出现的茶棚、茶楼、酒肆、小饭馆、戏园逐渐有了名声、闻名京城，成为北京新生的市民文化集中会聚区，以附近的天桥为活动区名称载体。这里，就是天桥文化的起源地和中心存在区。当然，老天桥文化的存在地，还包括天坛东北侧和天桥大街两侧的区域，这里不再细说。总之，先农坛成为北京老天桥民俗文化的诞生地与核心地区。民国时期著名的鸳鸯蝴蝶派文学家张恨水先生的小说《啼笑因缘》，就是以天桥为故事背景写作的，书中，男女主人公樊家树、沈凤喜的相逢，就是在这个时期的城南公园内，今天的内坛北门进来后的向内坛南门一线。

民国初期本来可以新生的先农坛，20世纪20年代再一次遭遇到无情现实摧残，带来的是永远无法挽回的坛区变化，这是先农坛颠沛的时代。因为北外坛区的不断被蚕食，最终导致北外坛墙被逐渐拆除，北外坛区最终也成为底层市民和流民的居住区。

不过从另一角度来说，这里虽有艰难但形式丰富多彩的演艺环境，也孕育了一大批具有丰富生活经历和艺术创造力的民间艺术家，如我们熟知的侯宝林先生等人。老天桥艺人是老北京文化的重要组成之一，他们的技艺更是今天非物质文化遗产的重要内容之一，在北京文化史上占有重要地位。

外坛墙拆除后，北外坛彻底成为市区一部分，东北这一带出现福长街头条、二条等几条街巷，西北这一带出现以东经、西经、福禄寿喜的"禄寿"两字命名街巷。

20 世纪 30 年代，在 20 年代形成的局面这时进一步加剧。坛庙管理所经费困难，不得不把坛内大量空地出租给京城各大商户，开办养鹿场、养蜂场、种植场，饲养鹿、兔子、蜜蜂等，种植草药。名义上是公园，实质上全坛空地被四处分割，变成有实无名的农事试验场。今西北内坛墙外作为市立体育运动学校，而神祇坛的东侧，在 1937 年 4 月利用大片空地建设北平市公共体育场，也就是今天先农坛体育场的前身。开建时，由当时的北平市长、著名的喜峰口抗战英雄、国民革命军 29 军副军长秦德纯先生题写运动场名称，勒石为记："北平市公共体育场基石，中华民国廿六年四月，市长秦德纯奠立"。这个运动场从此一直存在，后来几经改造，成为今天的先农坛体育场。它不仅是老北京第一座公共体育场，中华人民共和国成立初期不少活动在这里举办过，也是新中国成立后重大活动场所，一直到 20 年前时仍然如此（如当年的国安足球队主场兼球队驻地）。甚至到了后来，先农坛本身是怎么个来历不一定有人知道，但体育场几乎是人人尽知，可见它的影响度非常之大。

抗战全面爆发后，北京被日军占领，内坛外西侧的市立体育运动学校解散，代之一个日本军队的汽车修理厂，内坛西侧和西北一带为日军占领作为军事设施所在地（今天，内坛西侧这里的育才学校韩国留学生住处的红砖小楼，它的前身就是那个时期日伪建造的。中华人民共和国成立后作为育才学校总务处和少先队总部使用）。城南公园仍然开放，归属北京特别市管辖。日伪也在这里举办活动，比如运动会之类，但记载罕见。

抗战胜利后，公园游人稀落，难以为继。原日军的汽车修理厂，被国民党军队接管，变成国民党北平驻军联勤总部汽修厂。中华人民共和国成立后被人民解放军接管，专门为军队维修汽车，称为 3401 厂。上个世纪 80 年代随着军改民大潮，最终成为燕京汽车厂。北京古代建筑博物馆建馆后的 20 年时间里，这个工厂逐渐衰败，最后落得出卖厂区土地倒闭的结局。但工厂如果一直存在的话，也就不会有今天的南纬路西段，因为西段就是厂区。

1949 年 7 月，经中共中央华北局第一书记薄一波批准，原延安保育院由西柏坡来到北京，借用先农坛作为学校校舍使用，同时华北大学一部也进驻先农坛。坛庙管理所在中华人民共和国成立时，本打算申请将先农坛建为人民的城南公园，并为此多次报文请示终未获得批准。

1950 年 9、10 月间，城南公园撤销，全部可移动文物移交天坛公园管理处。两年后的 1952 年，天坛公园管理处正式将先农坛内坛及神祇坛等转给育才学校作为校区使用。

二、先农坛建筑用途的新变化

清代结束了，先农坛不再是禁地，民国时期先农坛的建筑又有了新的身份和用途。

太岁殿：袁世凯当政时，将太岁殿改为纪念民国建立前后牺牲的革命烈士纪念处，更名"忠烈祠"，规定每年公历十月十号（中华民国国庆日，又称双十节）纪念时由政府派出内务部官员致祭，同时铲除太岁殿匾额"太岁殿"三字，重新更换为"忠烈祠"三字。在先农坛，忠烈祠这个名称甚至一直用到 20 个世纪 60 年代初期，匾额现已无存。

太岁殿东西配殿：民国初年至 20 世纪 20 年代末，这里一直作为北京古物保存所，陈列前清时期北京各处坛庙的祭祀礼器用具。后古物保存所虽然搬迁，但仍有不少物品存放在这里，其中包括几乎全部的坛庙礼器。1950 年 10 月随着城南公园撤销，所存礼器一律移交给天坛公园管理处。

具服殿：城南公园存续期间，具服殿作为管理公园事务处使用。1927 年更名"诵幽堂"，悬挂诵幽堂木匾，匾额由后来伪满时期的大汉奸沈瑞麟书写（文件显示，该抱柱联在 1951 年底前即已丢失）。诵幽堂匾后来不知何时消失（20 世纪 60 年代之前仍然存在）。

我馆 2015 年在具服殿内复原的仿乾隆帝"劭（劝勉，鼓励）农劝稼"壁子匾，民国以来没有任何存留记载和线索。近年经过寻访，却得知这样一个新线索：20 世纪 60 年代初期（约 1963 年前），具服殿内还悬挂"遗（wèi，给予）民教稼"黑色木匾一方。初步推测该匾应该为民国时制作悬挂，但民国文献又不见任何记载。

观耕台：观耕台和先农神坛，民国初期都是举办游园活动发放纪念品的地方。观耕台因为体量宽阔，被京都市政公所看重，于 1915 年在台上搭建玻璃幕亭一座，称为观耕亭，作为坛内新建筑景观，该亭于 1935 年初夏拆除。

神厨院：民国建立不久，神厨院作为京都警察厅的巡警训练所使用，一直持续到 20 世纪 20 年代末。

神仓院：民国初年，民国政府内务部因为成立管理坛庙事务所，将神仓院作为办公地使用，一直持续到1950年10月该所撤销。20世纪20年代末到30年代初，著名古建大师梁思成先生带领当时的营造学社众人考察过先农坛神仓院并留下珍贵照片。根据照片显示，圆廪已经被改造成古建园林中常见的花窗墙体。

庆成宫：庆成宫在民国早期，一直作为公共活动场所，举办市民参与的活动，20年代一直作为北洋军驻地。九一八事变后，作为东北军军营。抗战时期作为日本侵华机构（医学类。最新资料表明，1940年这里建成伪"内务总署华北卫生研究所附设防疫医官养成所"，即细菌战军医学校，为华北地区侵华日军的细菌战部队培养军医）驻地。抗战后至1949年前的用途史料不甚详细，依据了解，推测还是以医学用途为主。

先农坛祠祭署：在庆成宫院外的东北方，民国时期一直作为外右五区的警察所使用，1949年后逐渐拆除。

三、坛内消失的古建筑

作为外坛门之一的太岁门，由于附近出现市场的原因，也因为民国初年时改进交通的需要，在民国六年至八年间（1917—1919）被当时京都市政公所拆除。庆成宫院西北角的辇房（皇帝祭祀先农坛时临时存放皇帝御辇之处）也被拆除，拆除时间不详。

四、坛内出现的新建筑

1919年夏，由京都市政公所出面招商，在城南游艺园南（今北纬路中学北门附近）建欧式四面钟一座，成为坛内继观耕亭后又一新景致，"成为五陵年少闻香逐臭之处"。四面钟，是先农坛历史上出现的新建筑代表，1934年到1935年时坍塌。

1915年，由京都市政公所在观耕台上搭建的观耕亭，作为坛内的一个新景观。观耕亭木构八角，四面窗户镶嵌玻璃，这在民国初年是比较少见的，那时人们比较贫穷，还无法使用玻璃这种比较贵的建材。因此，这个观耕亭也招引了不少游人观看，并被民间称为"琉璃亭"。1935年夏初因年久失修，坛庙管理所报请北平市政府同意后拆除。

五、先农坛内发生过的历史事件

民国时期尤其是孙中山先生逝世后，为了实现和表达孙中山先生绿化祖国的生前遗愿，国民政府将孙中山先生逝世纪念日（3月12日），重新确定为中华民国植树节（原民国植树节为清明节）。1930年，首届植树节典礼即于北京先农坛内举办。这次植树节的纪念标识，我馆建馆后（20世纪90年代初）重新发现于神仓院内，今天也是先农坛的历史文物之一，展出于"先农坛历史文化展"的神厨西殿。

1935年，北京先农坛内坛北墙下出土了一件京城文物界颇为轰动的文物——乾隆帝御笔"皇都篇"的石幢。当时坛庙所曾经决定移至北内坛门内东甬道旁供人观览，后因经费问题一直存放于原地。20世纪六七十年代备战备荒，石幢被埋于地下，2005年重新发现，现存于首都博物馆。该石幢经近年研究与先农坛无关，是原清代立于天桥之桥两侧的乾隆帝御刻记事石幢，1860年英法联军进入北京后逐渐流落附近的道观斗姆宫，至民国才重新引起重视。城南公园为了营造公园气氛，决定把一些石刻拉近先农坛作为景观，其中就包括"皇都篇"的石幢，还有从圆明园遗址区运来的太湖石等。

李升培，江苏吴兴人，民国初年于北洋政府内供职。北伐时期，北京政局先后由阎锡山、张作霖把持，李升培这一时期青云直上。1927—1928年，任张作霖军政府国务院内务部礼俗司司长。这时期，李升培主持编写了《天坛古迹纪略》及再版的《先农坛古迹纪略》。其中，《先农坛古迹纪略》是民国时期专述北京先农坛的唯一一部书籍，篇幅虽少却记叙清楚明了，是北京先农坛历史研究中的重要资料。此外，自1928年6月至北京转归南京民国政府管辖期间，李升培兼任代京兆尹（相当于今天的北京市长），是中国历史上最后一位京兆尹。

1927年夏，李升培作为礼俗司司长，陪同内务总长沈瑞麟视察先农坛，沈瑞麟观看昔日天子亲耕稼穑之处不禁感慨万千，为此将具服殿改为诵幽堂并题写匾额，同时题写抱柱联一对，联曰"民生在勤务滋稼穑，国有兴立庇其本根"，以志对古人重农稼穑的景仰之心。这次视察，也是民国时期唯一的一次国家官员莅临先农坛。

董绍鹏（北京古代建筑博物馆陈列保管部　副研究员）

太岁之神与先农坛太岁崇拜

◎董绍鹏

北京先农坛，坐落在我们熟知的老北京城西南一隅，与著名的天坛隔街相望。它不仅是俗话说的明清北京城九坛八庙之一，更是明成祖营建的北京城最早的皇家坛庙之一，已经近600余年，可谓历史悠久。

北京先农坛在明永乐十八年（1420）建成时称山川坛，系仿照南京的山川坛而建，其平面布局和建筑都是南京山川坛的翻版，坛内计有山川坛建筑群、先农坛、神厨建筑群、具服殿、旗纛庙、宰牲亭等建筑。到了嘉靖时，山川坛更名神祇坛，在内坛墙之南添建了神祇坛（天神坛、地祇坛），旗纛庙之东建了收贮籍田收获物的神仓，大体形成了今日的格局，清乾隆时又有局部改建，最终全坛格局定型。

万历时，神祇坛再次更名先农坛，这样，先农坛之名才正式开始使用。

无论历史怎样变迁，先农坛的山川坛建筑群（明嘉靖时改称太岁殿建筑群）正殿，都供奉着太岁神，这里成为现存等级最高，又不属于宗教用途的皇家太岁神祭享场所。

一、太岁之神

民间有句俗语：不敢在太岁头上动土。

太岁是何方神圣呢？

说起太岁，其实它的缘起可以早到汉代以前。先秦时期，我国古人很早就依靠对各种天体的运行观测，建立起一套天文历法体系。其中，古人对于木星有着特别的关注，称其"岁星"，如《尸子》说"武王伐纣，鱼辛谏曰：'岁（木星）在北方不北征。'武王不从"。

《荀子·儒效篇》也说"武王之诛纣也，行之日以兵忌，东面而迎太岁"。

古人为了制订天文历法及岁时管理的方便，确立了两种观测天体运动以制定历法的方法。一种是把天空按岁星的视运动径自北向西、向南、向东（即所谓右旋）划分为十二段，叫十二次（古人以为岁星十二年运行一周天）。岁星每运行一次，便代表一年，这种观测方法后来也用于二十四节气的划分和十二月的划分。另一种方法是把天空由北向东、向南、向西（即左旋）依次划分为子、丑、寅、卯、辰、巳、午、未、申、酉、戌、亥十二个区域，叫十二辰。这种方法后来主要用来记录一天之内的十二时辰和一年间恒星的方位变化，特别是北斗的回转。这两种观测方法各有其用途，而它们对天空的划分除了方向相反、名称不同，其实是一样的。战国以后，人们假想有一个和岁星运行速度相同（也是十二年一周天）、方向相反的太岁（也叫岁阴、太阴），按十二辰的方向运行，每年进入一辰。岁星是天上的木星，是可见的星体，它"右行于天"；而太岁是凭空想象之物，看不到摸不着，它"左行于地"，在地下与天上的岁星做相对运动，是木星在地上的镜像，因此《说文解字》说"太岁，木星也，一岁行一次，历十二辰而一周天"，木星也称"太岁"，太岁的观念就这样产生了。不仅天上的木星作为值岁之星，而且地上的太岁还作为值岁之神，共同掌管着星辰运转、四季十二月的轮回。

因为人们知道这个子虚乌有的太岁之神是"凭空想象之物，看不到摸不着"，因而就越发感到神秘可畏。按照中国传统的纪年方法——干支纪年法，天干地支两两相配六十个甲子一轮回，每个甲子各有相应的岁神轮值，作为值岁之神，掌握一年的祸福，因而被称为"值年太岁"。人们认为太岁每年所运行的方位是十分神圣的，逆太岁运行的方位动土、兴造、迁徙、嫁娶都有碍太岁，被视为禁忌。所以后来凡动土营造或出门等要牵涉到与时间相关的活动，都要审视是否"冲太岁"，也就是不管干什么，就是别侵犯到太岁的头上。《淮南子·天文训》说"岁星所居，五谷丰昌。其对为冲，岁乃有殃"，《月令广义》说"太岁者，主宰一岁之尊神。凡吉事勿冲之，凶事勿犯之，凡修造方向等事宜慎避"。就这样，人们自己吓唬自己，在不知不觉中创造出太岁这么一尊凶神来管住自己。

文献表明，太岁之神的崇拜元代以前通常是以民间祭祀的形式来维系，国家层面没有介入，有时官方还会反对太岁的崇拜，即便统治者因时因事对太岁之神有所顾忌，那也是以个人行为的方式进行（如《汉书·匈奴传》记载"（哀帝）元寿二年，单于来朝，上以太岁厌胜所在，舍之上林苑蒲陶宫"）。

民间的信仰中甚至还突破太岁虚幻不可见的原始属性，赋予太岁拟物化的表现，将大自然中生活在地下的未知生物讹传为太岁，编造种种故事加以强化太岁的神秘性，比如说太岁是地下一团肉，常常有不注意的人挖到它，结果导致全家人口死光。近些年也常有新闻报道，说某某地某某人从地下挖出一团怪肉，只依靠水就能成长，怪肉无论怎样割取都会割之不完，吃了会感到神清气爽、精力充沛，于是有人说这就是太岁。其实，这不过是一种在大自然中属于低等生物的复合黏菌，因其稀少又生长在地下，所以被附会成太岁，通常情况下十分罕见。直到现在，民间的这种太岁信仰已经演化为社会生活习俗，在不少传统文化风俗相对浓厚的地区，太岁信仰还在发挥着它独特的作用，每时每刻影响着人们的生活，规范着人们的社会行为。

太岁之神的官方祭祀始于元代。《元史·成宗本纪》记载，"至元三十一年夏四月，即皇帝位，五月壬子祭太阳、太岁、火土等星于司天台"，《续文献通考》也说，"元每有大兴作，祭太岁、月将、值日于太史院"。就是说，元至元三十一年（1294）元成宗铁穆耳于元上都即位，五月在司天台祭祀太阳、太岁及火星、土星等星辰。这是太岁神在历史上第一次享有国家之祀，却"亦无常典"，没什么硬性祭祀规定。

二、明清的太岁神之祭

太岁真正的国家祀典始于明代，《明史·志第二十三》说"古无太岁、月将坛宇之制，明始重其祭"。

明太祖朱元璋建国伊始，为了凸显其汉家国体的正统性，大力恢复唐宋典章之制，太岁诸神一开始在天地坛为圜丘神从祀。洪武二年（1369），朱元璋下令另建山川坛、先农坛，为此与众臣商议山川坛坛壝之制，有礼臣在大略考证历代太岁之祭、风云雷雨天神之祭后，进言说"然唐制各以时别祭，失享祀本意。宜以太岁、风云雷雨诸天神合为一坛，诸地祇为一坛，春秋专祀"（《明史·志第二十三》），于是朱元璋采纳了这一建议，在山川坛建诸神群祀露祭之制，将前述诸神分列于二坛祭祀；同时确定于惊蛰、秋分之日进祭。不久，又因"诸神阴阳一气，流行无间，乃合二坛为一，而增四季月将"（《明史·志第二十三》），将诸神合并为一处祭坛致祭，并改祭期为惊蛰、秋分后三日致祭。洪武九年（1376），朱元璋更定山川坛坛制，建山川坛正殿（后世的太岁殿），太岁神与风云雷雨、岳、镇、海、渎、钟山七神分七处分祀坛共祀于内，把夏冬春秋四季神两两祭于正殿的东西庑殿。洪武二十一年（1388）"增修大祀殿诸神坛壝，乃勅十三坛诸神，并停春祭，每岁八月中旬择日祭之。命礼部更定祭仪，与社稷同"（《续通志》卷一百十二）。可以看出，明初洪武时期因之前历代没有可用的祭祀太岁典章之制，故而几十年的时间里对自立的太岁祭制反复更改，这一时期太岁之神处于与天神地祇合祀的地位。

明太祖朱元璋还是中国历史上唯一一位多次亲自祭祀太岁之神的统治者，《明实录》中关于明太祖亲自到南京山川坛祭祀太岁的记载多达18次，有时竟然先农之神遣官祭祀，而太岁之神亲自祭祀，对太岁之神如此的高度重视可谓前无古人。

明永乐帝时营造北京城，城中、城郊的宫殿、坛庙、衙署等官式建筑"悉仿南京旧制"，但"高敞壮丽过之"，也就是说除了尺寸上有些差别外，各类皇家建筑外观造型上与南京一样。

明嘉靖帝为达到自己政治目的，大行更改典章制度。嘉靖十一年（1532），下令于山川坛内坛之南另行辟建天神坛、地祇坛，将永乐以来北京山川坛正殿内的风云雷雨神改制祭祀于天神坛，岳镇海渎神改制祭祀于地祇坛。至此，山川坛正殿内只剩下太岁之神，东西庑殿则只祭祀十二月将神（每屋各六尊月将神，东庑为元、二、三、七、八、九月，西庑为四、五、六、十、十一、十二月），还将祭祀日定为每年十二月太庙大祭之日遣官祭祀。

明嘉靖帝对山川坛正殿祭祀内容的大调整，自此以后没再做改动，一直延续到清代结束。

文献中对太岁神祭礼的明确记载出现在《大明集礼》《明会典》《清朝文献通考》等书中，其中《大明集礼》详细记载了洪武时"遣官祀太岁、风、云、雷、雨师仪注"（即山川坛正殿合祭礼）的仪程、仪礼，而《明会典》的记载又分为嘉靖帝之前的太岁神与诸神祇合祀于山川坛正殿的"山川坛正殿合祭礼"（洪武时定），及嘉靖帝将山川坛正殿内天神地祇分祀后的"太岁神祭礼"。以上文献成为后人管窥明清太岁祭祀礼仪的可靠依据。

《钦定四库全书·明集礼》卷十三中，明确记载明洪武帝时祭山川坛正殿诸神过程：春天在惊蛰后的三天，秋天在秋分后的三天为祭祀日；祭祀前三天皇帝及执事各官员都要斋戒；祀前一天，要进行降香（由主祭官员把皇帝请神之香送至山川坛）、省牲（查看牺牲祭品的制作）、陈设（布置祭祀现场）诸事宜；仪式当天的仪程由正祭、迎神、奠币、进俎、初献、亚献、终献、饮福受胙、彻豆、送神、望燎等组成。

因为明嘉靖帝之前太岁神与天神地祇合祀，所以嘉靖帝以前的文献少有对太岁神的专门祭祀记载，《明实录·武宗实录》卷一一九仅有的一则记载还是因营造之事将太岁与其他祭坛一并祭告：

正德九年十二月己丑朔，以营建乾清、坤宁官，遣成国公朱辅、驸马都尉蔡震、定国公徐光祚、工部尚书李燧、礼部尚书李春祭告天地、宗庙、社稷及山川、城隍、太岁等神，魏国公徐浦祭告孝陵。其有事江淮等处，即命所遣官一体祭告。

嘉靖以后，对于太岁神的认识只是停留在除旱祈雨，因此关于祭祀太岁神的内容也仅与此有关，如《明实录·神宗实录》卷五三三记载说：

万历四十三年（1615）六月壬寅，礼部以连旬弥旱，乞敕大臣分诣南郊、北郊、社稷、山川、风、云、雷、雨等坛，并护国济民神应龙王之神，再行虔祷；太岁之神及东岳庙，俱乞命大臣祭告行礼，仍行顺天府，照例率属于都城隍并应祀各神庙竭诚祈祷。大小臣工自本月二十八日为始，仍青衣角带，于本衙门斋戒办事，痛加修省。诸司照例停刑七日。除祭祀照常外，禁止屠宰并酒席宴会，以得雨之日为止。

太岁神的其他职能似乎已为人们遗忘。

清代对于太岁神的祭祀虽然内容上没做调整，但祭祀时间、祭祀仪程还是与明代有所区别。时间上依太庙大祭在岁暮岁初各专门遣官致祭一次，平时如果出现大的水旱灾害，也要派员致祭，如《清朝通志》卷三十六记载："顺治元年，定每岁致祭太岁坛之礼。每年正月初旬诹吉，及十二月岁除前一日，遣官致祭。初春为迎岁暮为祖。自后岁遇水旱，则遣官祭告、祈祷。有应，报祀如仪。"自乾隆时开始，也有太岁、天地神祇在久旱无雨雪或雨雪成灾等极端情况出现时祭祀的做法，并以制度的形式确定下来，光绪《清会典》卷三五载：

> 水旱则祈。孟夏常雩后不雨，致祭天神、地祇、太岁三坛。
>
> 祭告三坛后，如七日不雨，或雨未沾足，再祈祷三坛。屡祷不雨，乃请旨致祭社稷坛。
>
> 又雨潦祈晴，冬旱祈雪，均致告天神、地祇、太岁三坛。与祈雨同。

为此，清嘉庆、光绪帝时遣王公到太岁殿祈雨雪多次。

文献中偶尔也有清帝到先农坛亲耕享先农后来到太岁神前上香的记载，清代只历三次，分别出现在雍正七年（1729）、乾隆三年（1739）、道光五年（1825）时。

清代对于太岁神的认识较明代有所回归太岁神的正统内涵，除了通常久无雨雪导致天旱进行的祈告外，清代还规定"凡举大礼，则告祭。亲征命将，均祇告天地、太庙、社稷，并致祭太岁、炮神、道路之神、旗纛神。凯旋如之"（光绪《清会典》卷三五）。

清乾隆帝时对太岁之神的祭祀诸事宜做了局部调整，主要表现在：

——采纳礼臣的献言，于乾隆十六年（1751）增定太岁坛上香之仪，将旧制中春秋两祭正殿、东西庑殿只祭不上香，改为都上香。

——乾隆十八年（1753）定太岁坛供奉神牌之礼。原来每逢祭祀太岁前，都要将安奉于先农坛神厨正殿（神版库）内的太岁神牌请至太岁坛。乾隆帝下旨改为将太岁神牌常奉于太岁坛神龛，并永为定制；同年，又采纳礼部奏言，下旨比对天神地祇坛乐章另行撰写太岁坛新春岁暮祭祀乐词，都用"丰"字，以此凸显合用太岁坛"祈祷雨泽之义"。

——乾隆二十年（1755），改旧制派遣太常寺堂官到太岁坛行礼为派遣亲王、郡王行礼，理由是"以昭诚敬"。

——乾隆二十一年（1756），因前一年已将亲王、郡王派遣到太岁坛正殿祭祀行礼，而东西两庑如果还让旧制中的太常寺厅员行礼就不合官员高低逐级相配的体制，于是改派祭正殿的太常寺堂官分祭东西两庑。

乾隆皇帝的上述调整，其行为目的的核心就是加大国家对太岁之神祭祀的重视程度，这与康雍乾时清代统治者对农业的关注，以及对农业相关神祇国家祭祀的高度重视与推广密不可分。

明清两代对太岁之神的祭祀除了制定复杂的祭礼、祭祀仪程之外，还体现祭祀乐舞、祭祀陈设上。

关于明代太岁之神的祭乐记载十分简单，仅见《明会典》《明史》，祭舞未见有定制。而《明会典》《明史》中太岁祭乐的记载相同，都是明嘉靖八年（1529）所定"祀太岁月将乐章"。

较之明代，清代皇帝虽然没有按照礼制规定亲自致祭太岁神，但太岁神祭乐、祭舞的制定全面超越了明代。

祭乐方面，明确了太岁神常祀与祈雨报祀不同的乐章，其中太岁神常祀乐章于清顺治元年（1644）和清乾隆七年（1742）分别出现过两个版本，即顺治元年所定到乾隆七年时"以旧词重改"，都用"中和韶乐，《太簇》商立宫，倍《无时》变宫主调"，"平"字。太岁神祈雨报祀乐章制定于乾隆十八年（1753），"《中和韶乐》，《太簇》商立宫，倍《无射》变宫主调"，按照乾隆帝的要求，乐章用"丰"字。此外，还创制了太岁坛舞谱乐章。

祭舞方面，确定舞制，创制太岁坛舞谱。光绪《清会典图》卷五三记载，太岁坛祭舞分为常祀舞和祗报舞（祈雨报祀舞）。

按明清规定，由大祀坛（即清代的天坛）神乐观（清乾隆时改为神乐署）负责太岁之神祭乐与祭舞的演奏和舞蹈。比如清代就规定"天、地、太庙、社稷、日、月、历代帝王、先农、天神、地祇、太岁、关帝庙，舞皆八佾，文舞生六十四人，武舞生六十四人"（光绪《清会典事例》卷四一五），光绪《清会典事例》卷五二八还记载"历代帝王庙，武舞生服红色镶金花服，文舞生及乐生，焚香，乐舞生服红色补服；执事，乐舞生服青绢服。太岁坛，乐舞生色亦与历代帝王庙同。其带均用绿色，紬为之。其顶，文舞生用裹金铜顶，武舞生用裹金三叉铜顶。俱由太常寺行文，工部给领"。

陈设方面。明代的陈设形式，同样分为嘉靖前后两个不同阶段。嘉靖之前太岁之神与山川诸神合祀陈设简单，《明会典》卷八五记载"太岁：犊一、羊一、豕一，登一、铏二、笾豆各十、簠簋各二，帛一（白色，礼神制帛），酒盏三十"。嘉靖改制后太岁神正殿及两庑陈设较之前祭器的数量、品种都有较大幅度增加，《明会典》卷八五记载说"太岁神位：犊一、羊一、豕一；登一、铏二、簠簋各二、笾豆各十、爵三、酒盏三十、尊三，帛一、筐一。两庑月将共四坛，每坛：犊一、羊一、豕一，登一、铏一、簠簋各二、笾豆各十、爵三、酒盏三十、尊三，帛三、筐一"。清代乾隆帝时，在考据周代礼器制度及唐宋以来后人的发现基础上，明确了各式礼器祭祀用品的质地、形制，并将这一考据结果颁行在《皇朝礼器图式》中，太岁之神的祭器因此得以全新制作。

光绪《清会典》卷七二中，对于太岁坛的祭器品种记载，除与先农坛祭器颜色不同、个别品种不同、规格稍有区别外样式都是一样，综合起来计瓷质八种，含簠、簋、登、铏、豆、爵、瑴、尊，都用白色，总计五十三件；竹木器计六种，含笾、筐、盒（都用黑色），俎、爵垫、盘（用红色），总计十五件；金属器计香炉、烛台、花瓶、酒勺四种，质地分别是铜与锡，总计六件；另还有酒尊布幂三件。其中，与先农坛祭器最主要的区别，就是瓷质祭器均是白色，而先农坛用的是黄色。

光绪《清会典图》中有平面布局图"太岁殿陈设图报祀陈设同"，可见其陈设与明嘉靖时的区别只体现在明代是三供（一香炉两烛台），而清代是五供（在明制上另加两只铜花瓶，内插木灵芝），其他祭器总数及祭器品种无差别。

因乾隆时期颁布《皇朝礼器图式》后至清末，祭器的样式未再做改动（《皇朝礼器图式》中的祭器样式是乾隆之后各朝祭器的样板）。

史料显示出，有清一代将太岁神在认识上矮化为操控雨雪盈亏的水神，因此太岁神在国家政治生活中的重要性和重要地位相比明代大大降低，制订的乐舞祭祀活动处于有制无行的状态，虽祭祀等级为中祀，但实质上已经是有名无实，在国家典章制度中没有体现应有的重要作用。

三、先农坛太岁殿

太岁殿，是北京先农坛最宏伟的建筑，太岁殿，坐落在近一米之高的基座之上，是一座建筑面积近 1300 多平方米、正向朝南面阔七开间 51.35 米、进深九檩 25.7 米、总高近 20 米的单檐歇山顶大殿，红色的墙身加上黑色绿剪边琉璃瓦顶屋面，无论是在雪景中还是在熠熠的阳光下，其威严之感不逊覆着黄色琉璃瓦坐落三层汉白玉基座之上的太和殿、太庙或是十三陵的长陵祾恩殿。这巍耸的身形，如果让人闭目想象在百年前几近一马平川的西南城区，就可明白其平地拔起的"突兀"夺目是无争的事实。就算今日，如果没有构成古都保护不和谐因素的高楼

群立，也是相当地引人注目。

太岁殿的前身，是明代的山川坛正殿。明太祖于洪武二年（1369）下令建南京山川坛，祀太岁、风云雷雨、岳镇海渎、城隍、五山之天神地祇，时为诸神露天合祀，在惊蛰、秋分两天的露天地祭祀。这时的太岁神混同在一群神祇当中，并不是十分抢眼。洪武九年（1376）朱元璋更定山川坛坛制，建成山川坛正殿及东西配殿、倒座的拜殿，太岁神与风云雷雨、岳、镇、海、渎、钟山七神共祀于山川坛正殿，把京畿山川、京都城隍及夏冬春秋四季神祭于东西配殿。《明史》卷四十七说当时的山川坛"正殿、拜殿各八楹，东、西庑二十四楹"，已据后世的布局雏形，随后永乐帝的迁都应该是照搬照抄这个布局规模没有改变。

仅从外观上说，太岁殿不过是一座正规的清式单檐歇山顶官式建筑。可以品头论足的，一为殿内高大的空间，二为殿内的鎏金斗拱，三为黑色的琉璃覆瓦，四为殿内绘于清乾隆时期的精美彩画。

太岁殿内净高达 15 米多，作为明清时期中祀规格坛庙的正殿，仅仅为祭祀当初的七尊天神地祇而建造得体量规模如此庞大，这在现存古建中也可说是令人惊叹了。

太岁殿内的梁架结构，以明间的"单翘重昂七踩鎏金斗拱"富有代表性，不少古建专业人士或是爱好者来到太岁殿专门观看，甚至有的学校来此教学以其作为活教材。

太岁殿的彩画为外施金龙和玺彩画，内施墨线大点金旋子彩画。所谓金龙和玺彩画，指的就是清代一种最高等级的全绘金龙（贴制金箔而成）的和玺彩画。墨线大点金旋子彩画，是指清代旋子彩画的一种，图案均以墨线为轮廓，图案局部贴金，其等级仅次于金线大点金。就是说，太岁殿外部所绘彩画是清代最高等级，因此太岁殿整体的装饰规格还是十分高的。目前保留的室内彩画是清乾隆十八年至十九年（1753—1754）大修先农坛时的原状，可谓极富文物价值和观赏价值，同时富有一定研究参考价值。

太岁殿屋顶覆盖黑色绿剪边琉璃瓦，不仅太岁殿的瓦色是黑的，就是整组太岁殿院的建筑瓦色都是黑色（先农坛神仓的圆廪和仓房屋面覆瓦也是黑色）。很多来到这里的朋友都对这个现象琢磨不透，其实说起来原因并不复杂，因为明清所祭祀太岁神及十二月将神，定位上属于天神，天神用色应为蓝，但这两种神与天坛所祭的皇天上帝不是一回事，皇天上帝代表的是统治人间万物的、决定人间福祉及政权更替，体现天道的最高道统与精神为一体的主神，是实实在在的人眼所见天之蓝为其归处。而太岁神及十二月将神在明清尤其是清代所发挥的功能，是主持旱涝之类的下雨下雪，也就是说与水有关。传统文化的阴阳五行中水归玄武，位于北方，主寒冷，色黑。因此附会成分管水资源问题的太岁神及十二月将神所在的太岁殿院的整组建筑就一律采用黑色琉璃瓦，以配合其属性。

太岁殿院落还包括倒座的拜殿及东西配殿（又称东西庑殿）。拜殿是一座穿殿，南北大门对开，是明清时祭拜太岁神的祭拜处，推测原应为明初山川诸神露祭时在此祭拜，后诸神虽然进殿，但在此祭拜的规矩没改，一直沿用。拜殿为单檐歇山顶，建筑面积约为 860 平方米，面阔七间 50.96 米，进深九檩 16.88 米，殿前有 332.5 平方米的宽大月台，结构上采用减柱做法，室内仅有八根立柱，减去北侧明间、稍间的四根。彩画与太岁殿相同。东西配殿为祭祀十二月将神之处，悬山顶，建筑面积各 755 平方米，面阔十一间各 55.56 米，进深各七檩 13.58 米，室内为雅伍墨旋子彩画，室外为墨线大点金旋子彩画。

如果站在拜殿的南门，深深地向院内凝视这组占地约为 8989 平方米的巨大院落，会令人顿时产生一种难以名状的感觉，带给人们的是久久的敬畏与沉思。这种精神力量的冲击，只能在古建筑中才能有的敬畏与沉思。

民国时北京先农坛太岁殿还曾作为中华民国忠烈祠，祭奠黄花岗七十二烈士及民国其他烈士。因此，忠烈祠也成为太岁殿的另一称呼，一直保留到上个世纪 60 年代初，后逐渐为人遗忘。

董绍鹏（北京古代建筑博物馆陈列保管部　副研究员）

《北京孔庙祭孔礼仪研究》之意义及价值

◎常会营

《左传·成公十三年》曰："国之大事，在祀与戎。"这就表明，在古代中国，最为重要的国家大事，是祭祀与征伐。为什么祭祀与征伐在古代如此重要？谢治秀先生解释说："'祀'者，行礼乐之教化而尊天地与鬼神也；'戎'者，固社稷之安定而伐非礼与不善也。礼乐教化若不能安社稷，则以'征伐'而代之，此乃孔子所谓'礼乐征伐自天子出'为'天下有道'者也。'戎'动于戈以治安，'祀'行礼乐而标本。故礼乐之行而后和谐，此所以有'笙歌唱平'之古理矣。"

祭祀，首先便要有祭祀对象。那么，古代国家的祭祀对象都有哪些呢？古代国家祭祀的对象主要是自然神如天、地、日、月、社稷等，也包括皇帝帝祖先（于太庙）、神农炎帝（于先农坛）、育蚕神（于先蚕坛）及历代帝王及名臣（于历代帝王庙）等。古代北京有九坛八庙之说，包括我们现在比较熟悉的天坛、地坛、日坛、月坛、社稷坛、先农坛、先蚕坛、太庙、历代帝王庙、北京孔庙等，即是明清皇家祭祀之场所。在古代，北京这些坛庙是归国家直辖的，一般由皇帝亲自祭祀，部分也可由皇帝派遣朝廷要员前往代祭，比如孔庙祭祀孔子。

如王霄冰所言："作为一种仪式政治的手段，封建国家对这些祀典在时空、祭器、祭品、仪程、服饰、乐舞等各方面都做了详尽乃至繁琐的规定。这些'繁文缛节'，一方面象征着专制国家等级森严的社会秩序，但在另一方面，也具有极高的文化含量，是中华民族几千年来礼乐文化的结晶。包括祭祀本身，也并不只单纯为了宣传封建的宗法观念和维护皇权而存在，它们所体现的阴阳五行观念和对于天人合一境界的追求，都非常能够代表中华民族的的自然观和天命观。其中有很大一部分思想内容，也与现代意识合拍。例如祭祀昊天、日月、山川的典礼，代表的就是古人崇尚自然、希望与之共生共存的理想。再有像祭祀孔子、关公等的行为，也是出于对中华民族历史上的文化英雄的敬仰，希望能将他们的思想或精神传承下去并发扬光大。"

一、祭孔——国家礼乐教化的重要内容

《荀子·礼论》曰："礼有三本：天地者，生之本也；先祖者，类之本也；君师者，治之本也。无天地，恶生？无先祖，恶出？无君师，恶治？三者偏亡，焉无安人。故礼，上事天，下事地，尊先祖，而隆君师，是礼之三本也。"由此，我们可以知道，古代的礼虽然非常繁多，祭祀的对象也多种多样，但是礼有三个根本，这是我们不能忽视的。即天地，是生命的根本；先祖，是人类的根本；君师，是国家治理的根本。如果没有天地，生命又从哪里而来？如果没有先祖，人类又从哪里出？如果没有君师，国家如何得到有效治理？所以说，如果三者有一个失去，国家人民就不得安宁。所以说，礼是上以事天，下以事地，尊敬先祖，而推崇君师的。

孔子与天、地、日、月等自然神及其他祭祀对象不同，他不仅是历史上真实存在的历史人物，而且对中国文化传承、礼乐教化，对中华民族的民族精神、民族性格和民族气质的塑造形成产生了重要影响。所以，孔子被后世尊为"至圣先师"（司马迁《史记·孔子世家》）、"万世师表"（康熙赞语）、"天作之师"（乾隆赞语），为后代人所敬仰，并为历代皇帝、士人及平民所推崇和祭祀。《史记》太史公曰："诗有之：'高山仰止，景行行止。'虽不能至，然心向往之。余读孔氏书，想见其为人。适鲁，观仲尼庙堂车服礼器，诸生以时习礼其家，余祗回留之不能去云。天下君王至于贤人众矣，当时则荣，没则已焉。孔子布衣，传十余世，学者宗之。自天子王侯，中国言六艺者折中于夫子，可谓至圣矣！"

太史公司马迁对于孔子之评价可谓的论。他认为天下君王达到贤人的是非常多的，但是其生时荣耀，死了也就湮没无闻了。而孔子作为一介布衣，到汉代已经传了三百年了，学者们依然推崇宗敬。自天子王侯，中国人言谈六艺（包括六经）的，其观点都折中于孔子，以其思想为评判依据。司马迁认为孔子真称得上至圣。后来，唐开元十三年（725），唐玄宗李隆基曾到山东充州封泰山，观孔宅，祭奠孔子，并赋诗《经邹鲁祭孔子而叹之》赞颂孔子，诗曰："夫子何为者，栖栖一代

中。地犹鄹氏邑，宅即鲁王宫。叹凤嗟身否，伤麟泣道穷。今看两楹奠，当与梦时同。"开元二十七年（739）八月，唐玄宗李隆基追谥孔子为"文宣王"。大中祥符元年（1008）宋真宗过曲阜，拜孔庙，加谥孔子为"玄圣文宣王"，二年（1009），以国讳，改谥"至圣文宣王"；元大德十一年（1307），新即位的元武宗海山加封追谥孔子为"大成至圣文宣王"，并差遣使者到曲阜孔庙，以"太牢"之礼施以大祭。今北京孔庙大成门前东侧，还存有元惠宗至元二年（1336）所立的"加号诏书碑"。明代嘉靖九年（1530），世宗朱厚熜厘定祀典，尊孔子为"至圣先师"，取消谥号、封号，"至圣先师"之称号沿用至今。

二、孔庙——国家祭孔的重要场所

以孔子为主要祭祀对象的场所便是孔庙（文庙），包括孔氏家庙（如曲阜孔庙、衢州孔庙）以及国家级孔庙（国学文庙，如北京孔庙）和其他府、州、县学孔庙（文庙）。关于孔庙的建立，最初只在孔子的家乡山东曲阜建有孔子庙。汉代、魏晋南北朝及隋代，已有在太学、国子寺祭祀孔子的记载。唐初武德二年（619）六月，唐高祖"令国子学立周公、孔子庙，四时致祭，仍博求其后"（《旧唐书·高祖本纪》）。唐太宗贞观二年（628）议定太学去周公庙，保留孔子庙。贞观四年（630），诏州县学校皆立孔子庙，四时致祭。

根据孔祥林、孔喆所著《世界孔子庙研究》："东汉建和三年（149）陈州老子故居庙侧建造了第一所孔子的纪念庙宇，东晋太元九年（384）孔子庙正式进入国家最高学府，太元十一年（386）国家为南迁的孔子后裔在建康建造了第一所孔氏家庙，北齐时将孔子庙推广到郡国学校，唐贞观四年（630）令州县学校建造孔子庙，从此孔子庙遍及中国各地，成为分布最广的列入国家祀典的礼制庙宇。"由此可知，东晋太元九年（384）孔子庙才正式进入国家最高学府，太元十一年（386）国家为南迁的孔子后裔在建康建造了第一所孔氏家庙，北齐时将孔子庙推广到郡国学校，唐贞观四年（630）令州县学校建造孔子庙，从此孔子庙遍及中国各地。如沈旸先生所言："就都城简言之，西汉至西晋主要分为帝率臣工行释奠礼于辟雍，太学师生行释奠礼于太学两个系统；自东晋设'夫子堂'后则合二而一，经南北朝发展，于中央官学孔庙释奠渐成定制，礼仪亦渐具规模。且东晋庙学制的出现乃为自古以来学制之大变化，从而为唐中央庙学的进一步完备奠定了基础。"

自此，从中央到地方，有学必有庙，庙学一体，成为定制，并且相沿至清末。而且，"唐以后，历代王朝不时下令维修学校孔子庙，到清代时，中国有国子监、府学、州学、县学、厅学、乡学（撤县后，学校不撤，改称乡学）等各级学校孔子庙1740多所"。

孔祥林、孔喆所著《世界孔子庙研究》研究认为："孔子庙只是奉祀孔子庙宇的统称，其实应该分成五类。第一类是建造在国立各级学校奉祀孔子的庙宇，第二类是建立在孔子故里的阙里孔子本庙，第三类是建造在孔子活动纪念地或纯粹为了纪念孔子而建造的庙宇，第四类是在书院建造的奉祀庙宇，第五类是散居世界各地孔子后裔建造的奉祀家庙。第一类的正式名称是文庙，不论是中国还是朝鲜、越南以及部分日本孔子庙都是采用这个名称；第二类孔子故里的阙里本庙是一类特殊的孔子庙，它有庙无学，不能属于文庙，虽然它有纪念性质，但国家为孔子长孙设置的专门的奉祀爵位，专门为它制定祭祀制度，属于国立礼制庙宇，而且它还具有家庙的性质，并有专门的名称至圣庙；第三类纪念孔子的庙宇大多由热心的地方官员建造，虽然由地方官员出面募集资金建设、维修和祭祀，但它并没有列入国家祀典，应该称作孔子庙；第四类建造在书院内奉祀孔子的庙宇，虽然书院也有教育的功能，也是设在学校内，但国家没有为它制定祭祀的礼仪，不能称作文庙，为与其他孔子庙区别将它称作书院孔子庙。第五类孔氏家庙又分作两小类：第一小类是浙江衢州的孔氏南宗家庙，它由国家建造维护，国家又设置专门的奉祀官位，在这方面它与曲阜至圣庙类似，但是它的正式名称既然是孔氏南宗家庙，这就决定了它家庙的性质；第二小类就是散居世界各地的孔子后裔自己建造的家庙，包括韩国乌山的华城阙里祠都属于这一类型。"

如邱雪静所言："除了曲阜孔庙外，真正意义上的第二所国家性孔庙，是在489年北齐文宣帝下诏在平城建立的'先圣庙'，北周时也仿照北齐'于京师置庙'，此后封建国家在京师的太学附近设置孔庙成为一种仪制。现今除山东曲阜孔庙外，最著名的国家性孔庙就是北京孔庙。"

三、北京孔庙——元明清皇家祭孔之重地

北京孔庙是是皇帝祭祀先师的庙堂，其建筑规格管理等级也高于国子监除辟雍一组建筑之外的学校规制。孔庙的日常管理由国子监祭酒、司业负责。平时除初一、十五例行的释菜礼之外，是不得随便进入的。遇有重大祭祀活动（如春秋丁祭），朝廷各部、院、寺衙门也都参与陈设、礼仪等事务，其管理更加隆重与严格。几百年来，在帝制王朝时期，北京国子监和孔庙作为教育机构和重要祭祀的场所，实行的是严格的封闭式管理形式，直到进入民国，其管理形式才有了重大的改变。

北京孔庙始建于元大德六年（1302），大德十年（1306）建成。国子监建成时间还要早一些，建立在至元二十四年（1287）。两院一体，构成并延续了"左庙右学"的历史规制，其历经元、明、清三代王朝，距今已有七百余年的历史。北京孔庙是古代皇帝祭孔的重要场所。本书除了对国家祭孔进行历史追溯，主要考察的便是北京孔庙的祭孔礼仪，其中最重要的莫过于几乎每年举行的祭孔释奠礼。

记载北京孔庙祭孔礼仪的，主要便是道光年间文庆、李宗昉纂修的《钦定国子监志》。通观《钦定国子监志》，对孔子的祭祀有三种：一是释奠礼，又分为皇帝亲诣释奠与遣官释奠两种（告祭、献功亦可纳入遣官释奠范畴），二是释菜礼，三是释褐礼，其中最为重要的无疑是释奠礼。释奠礼是汉、唐、宋以至元明清三代国家非常重视的祭孔礼仪，考察其在不同朝代的延续、更替及沿革，对于研究孔庙礼仪沿革，特别是对于现代祭孔礼仪的沿循及发展，对于孔学、儒学以至传统礼乐文化的发扬，有着不可忽视的理论意义和现实意义。

古代祭孔释奠主要分为两部分，即亲诣释奠和遣官释奠。所谓亲诣释奠，是指皇帝亲自参加祭祀孔子的典礼，亲自参与释奠，以示对至圣先师孔子的尊敬和优渥，以及对于孔子所创立的儒家思想的褒奖和推崇。在传统的封建社会，皇帝是一国之君，号称九五之尊，如果皇帝能够亲自诣孔庙行释奠仪祭祀孔子，那真是对于孔子及其家族无上的殊荣。而且，通过皇帝的率先垂范，尊孔重儒、尊师重教之风必然靡及天下。

元明清三代特别是明清皇帝对于祭孔释奠是非常重视的。从明成祖永乐帝到崇祯帝，从清顺治帝到光绪帝，几乎每位皇帝都曾去孔庙（乾隆三十三年前称先师庙）参加过释奠。其中，根据《钦定国子监志》的记载，明代十一位皇帝曾十二次参加过祭孔释奠，几乎人均一次，嘉

靖帝二次（注：永乐帝应在南京）。清代顺治帝二次，康熙帝一次，雍正帝四次（不包括两次国子监告祭），乾隆帝十次（最多，不包括辟雍工成诣先师庙行上香礼一次），嘉庆帝六次（次多），道光帝三次，咸丰帝一次，光绪帝三次，八位皇帝共三十次之多。如此多的皇帝参与祭孔释奠，足以看出元明清三代对先师孔子及其儒家思想之重视和推崇。根据《钦定国子监志》上的记载，元明清三代一共有十九位皇帝参与过祭孔释奠，释奠次数达到四十二次之多。无论在释奠等级、释奠规模，还是在释奠次数上，都远远超逾前代。根据现有史料，单就释奠皇帝人数来说，明代为最多，除明太祖朱元璋、建文帝朱允炆、明仁宗朱高炽、明宣宗朱瞻基、明光宗朱常洛之外，几乎每位皇帝都曾参与过祭孔释奠，清代次之，元代最少。而单就释奠次数来说，清代为最多，无论总数还是个人参与次数都位列第一，其中尤以乾隆帝为最多，其十次释奠的记录更是空前绝后，令其他皇帝难以望其项背。嘉庆帝以五次位列次席，雍正帝以四次跻身三甲。清代亲诣释奠仪式自乾隆以后没有大的变化。

所谓遣官释奠仪，顾名思义，便不是皇帝本人亲自参加祭孔释奠，而是改派大臣去参加祭孔释奠，以表达自己对先师孔子的敬重以及对于儒家文化的推崇。

对于元明清三代的祭孔释奠仪，从历史沿革的角度，对其进行了历史的溯源之后，本书结合元明清三代释奠仪的具体内容进行较为详细的对比。对比将从三个方面进行，即释奠日之前的准备、释奠仪进行前的准备和释奠仪程序。

告祭和献功也是古代重要的祭孔礼仪，一般是遣官致祭，故笼统可归之于遣官释奠。告祭之礼，也即古代国家开始建立学校时之祭祀。汉代虽然建立学校，而此礼却湮没无闻。三国魏正始中期，因为讲经通了，便派太常寺释奠孔子，这是遣官告祭辟雍的开始，后来北魏有告谥之典礼，唐开元有册赠之文字记录，并命令恭请持节来祭奠，此在历史传记中有记载。自宋朝到元朝，褒奖加封崇尚祀典，典礼不断，而告祭却没有明确文字记载。明代洪武十五年（1382），太学以木主代替塑像，派遣礼臣以太牢祭祀孔子；成化十三年（1477），增加笾豆为十二，舞为八佾，派遣商辂告祭孔子；隆庆五年（1571），因为薛瑄从祀孔庙，派遣祭酒马自强告祭孔子，也是难见于记载，且正史不记录。清朝时作为令典，仪式制度更加详备。凡是追崇、升祔、厘正、典礼及建修、落成，都遣官告祭，仪式与春、秋释释奠相同，以此礼敬神明，无以复加。唯有雍正二年（1724）、七年（1729），世宗宪皇帝亲诣告祭载于《钦定国子监志·亲诣释奠》。道光以前的可以参考《钦定国子监志》。

所谓献功，主要是古代出征平定叛乱归来之后，释奠于先圣先师而告之以克敌之事的一种祭祀礼仪。古代天子将要出征的时候，要以此事告上帝，需要祭天，同时还要告自己的祖先，师祭于所征之地。因为受命于祖，兵谋成于太学。出征俘虏有罪之人，返回来要释奠于太学，以征伐所生获断耳者告祭先圣先师。因为出师之时，兵谋成于太学，所以有功而返，则释奠于先圣先师而告之以克敌之事。一般告祭，地位轻微者释币，重要的则用释奠。后来，由于孔子生前非常重视教育，在教育事业上成就很高，影响深远，所以释奠的对象逐渐以孔子为主。而孔庙又是皇帝祭祀孔子的地方，综上所述，告成太学碑刻因此立于国子监孔庙。

在古代，除了有每年仲春、仲秋祭孔的释奠仪之外，还有释菜礼和释褐礼两种。本书随后主要探讨一下释菜礼的起源，及其在元明清三代北京孔庙的历史沿革与内容比较。一般而言，释菜礼是指古代每月朔旦用兔醢、果酒、香烛、芹、枣、栗等祭祀先师孔子的一种礼仪。古代释菜礼的适用范围应该是非常宽泛的，它既是古代入学时祭祀先圣先师的一种典礼，也是君临臣丧时入门前向门神致礼的仪式；是妇女婚前经过三个月教育，达到预期目的后，在祖庙或宗室祭祀祖先的仪式，还是公婆去世之后，儿媳于三月为其举行祭祀的仪式；是以野菜作为祭品，把它奉献给祖先神的一种仪式，还是古人用来驱逐噩梦的一种仪式。后来，为了表达对先师孔子的尊敬，释菜礼便发展成为祭祀先师孔子的一种特定典礼。

所谓释褐礼，是指参加殿试的考生在中进士以后，于孔庙向先师孔子行释菜礼，然后脱去原先平民衣服，换上官服，于国子监向祭酒和司业行礼的一种仪式。由释褐之史料可以看出，至迟在汉代已经有释褐一词出现，所以扬雄才能在《解嘲》中云"夫上世之士，或解缚而相，或释褐而傅"。至于释褐一词诞生的最初时间，我们已经无从考证。释褐一词后来为晋、隋唐五代以及宋元明清士人所沿用，一直是举子考中进士后封官进爵所必进行的一项重要内容。特别是在唐代，释褐礼似乎非常盛行，从以上唐代中晚期著名诗人张蠙、郑谷等所作的诗篇及《唐才子传》中皆可以看出。在唐代，释褐又作"解褐"。又据宋高承《事物纪原·旗旄采章·释褐》:"太平兴国二年（977）正月十二日，赐新及第进士诸科吕蒙正以下绿袍靴笏，非常例也。御前释褐，盖自是始。"可知"御前释褐"实始自宋太宗兴国二年（977）。元明清三代继承，且更为完善和丰富。

四、重树中华文化本位
——民国及新中国成立后的北京孔庙祭孔

从元明清三朝到民国初，中央政府每年都在北京的孔庙举办"祭孔"典礼。民国年间的祭祀活动主要有祭孔子、祭关羽、祭文昌、祭名宦乡贤。其中，以文庙祭孔、武庙祭关羽较为隆重。1911年辛亥革命的胜利，摧毁了中国两千多年的君主制度，实现了中国向现代社会的历史飞跃。民国年间的祭孔，由于政权更迭频繁，故较诸以往更为复杂。本书主要从民国初年关于祭孔问题的争议、祭孔政令、祭孔礼仪、祭孔乐舞、祭孔服饰等诸方面展开论述。

民国年间，社会贤达在北京孔庙和国子监祭孔、讲经是很频繁的。本书将北洋政府、国民政府和日伪政权时期相关社会贤达祭孔、讲经的总体情况，进行较为详细的论述，对民国年间孔教会、孔道会和山东同乡会等在京祭孔讲经情况的一个总结。其中孔教会的记载更多一些，其在北京各界的影响力也最大，几乎每年都会参与春秋丁祭孔子以及孔子诞辰纪念庆祝活动。而其与政府的关系，有时因政府尊孔关系会密切一些，比如袁世凯及其后徐世昌任大总统时期，还曾经特别邀请时任总统徐世昌祭孔讲经；有时会因为不遵从政府之规定（如1929年政府改阳历8月27日祭孔），包括自造旗帜等，而与政府之间产生矛盾和隔阂，可能这也是后来以陈焕章为主席的孔教会转奔香港发展之重要原因。1932年后，似乎北平祭孔讲经已经难见孔教会之身影。

国民政府停止了传统的释奠祭祀，改为新式的祭孔典礼。中华人民共和国成立（1949）后，祭孔典礼被废止。直到20世纪80年代以后才有所改观。2010年起，北京孔庙正式恢复了明礼祭孔（礼仪展演），每年9月28日举办祭孔大典，成为金秋京城一大盛事，一直延续至今。

在中国古代历史上，不论是在和平年代，还是战乱时期，祭祀孔子都未曾完全地断绝过。近代以来随着帝制终结，民国肇兴，西风东渐，经学式微，孔子及儒家思想受到批判和冲击。如果仔细考察历史，

我们就会发现，民国时期，尽管中华民国成立之初便对祭孔问题存有很大争议，激进学者甚至将祀孔作为帝制残余帮凶，主张将其废除，比如时任大学院长的蔡元培便是如此。但是，民国政府还是采取了比较温和的做法，比如制定孔子诞辰纪念办法，作为全国法定假日，放假一天，民众可以自由致祭等。无论是在北洋政府时期、国民政府时期、日伪政权时期，对于孔子的祭祀始终未曾中断，其差别只在于祭祀礼仪的轻重、繁简，复古还是现代而已。所以说，自汉代国家祭祀孔子以来，历经魏晋南北朝、隋唐五代、宋金元、明清，乃至民国时期，祭祀孔子的典礼一直是在持续的。

中华人民共和国成立后，祭祀孔子活动一度废止。改革开放之后，这一局面得到了改观。随着冯友兰、张岱年、季羡林、汤一介、庞朴等诸位先生的呼吁和推动，传统文化特别是儒学也再次得以复兴，并逐步受到社会各界的重视。现在从国家中央政府到民间，都非常推崇孔子、儒学及传统文化。

2011 年，《中共中央关于深化文化体制改革推动社会主义文化大发展大繁荣若干重大问题的决定》认为：文化是民族的血脉，是人民的精神家园。在我国五千多年文明发展历程中，各族人民紧密团结、自强不息，共同创造出源远流长、博大精深的中华文化，为中华民族发展壮大提供了强大精神力量，为人类文明进步做出了不可磨灭的重大贡献。要全面认识祖国传统文化，取其精华、去其糟粕，古为今用、推陈出新，坚持保护利用、普及弘扬并重，加强对优秀传统文化思想价值的挖掘和阐发，维护民族文化基本元素，使优秀传统文化成为新时代鼓舞人民前进的精神力量。

2013 年 11 月 26 日，习近平主席前往曲阜视察。在与专家学者座谈时，他说，一个国家、一个民族的强盛，总是以文化兴盛为支撑的，中华民族伟大复兴需要以中华文化发展繁荣为条件。2014 年，习近平主席在法国巴黎联合国教科文组织总部发表演讲时说："推动中华文明创造性转化和创新性发展，激活其生命力，把跨越时空、超越国度、富有永恒魅力、具有当代价值的文化精神弘扬起来，让收藏在博物馆里的文物、陈列在广阔大地上的遗产、书写在古籍里的文字都活起来。"2014 年 9 月 24 日，习近平总书记习在"纪念孔子诞辰 2565 周年国际学术研讨会暨国际儒学联合会第五届会员大会开幕会"上发表重要讲话指出：孔子创立的儒家学说以及在此基础上发展起来的儒家思想，对中华文明产生了深刻影响，是中国传统文化的重要组成部分。儒家思想同中华民族形成和发展过程中所产生的其他思想文化一道，记载了中华民族自古以来在建设家园的奋斗中开展的精神活动、进行的理性思维、创造的文化成果，反映了中华民族的精神追求，是中华民族生生不息、发展壮大的重要滋养。中华文明，不仅对中国发展产生了深刻影响，而且对人类文明进步做出了重大贡献。

现在，教育部已经逐步推出了中华传统文化系列教材，涵盖大、中、小学校，推动和普及中华优秀传统文化。2017年初，中共中央办公厅、国务院办公厅印发了《关于实施中华优秀传统文化传承发展工程的意见》，并发出通知，要求各地区各部门结合实际认真贯彻落实。《意见》指出，要把中华优秀传统文化全方位融入思想道德教育、文化知识教育、艺术体育教育、社会实践教育各环节，贯穿于启蒙教育、基础教育、职业教育、高等教育、继续教育各领域。以幼儿、小学、中学教材为重点，构建中华文化课程和教材体系。《意见》强调，实施中华优秀传统文化传承发展工程的总体目标是：到2025年，中华优秀传统文化传承发展体系基本形成，研究阐发、教育普及、保护传承、创新发展、传播交流等方面协同推进并取得重要成果，具有中国特色、中国风格、中国气派的文化产品更加丰富，文化自觉和文化自信显著增强，国家文化软实力的根基更为坚实，中华文化的国际影响力明显提升。与之相应，孔子、儒学、孔庙祭孔的研究也应进入到崭新的发展阶段。

常会营（孔庙和国子监博物馆　副研究员）

北京先蚕坛建置沿革

◎ 刘文丰

一、元代先蚕坛的位置

北京的先蚕坛建置始于元代，距今已有 700 余年的历史。据《元史》志二十七记载："武宗至大三年（1310）夏四月，从大司农请，建农、蚕二坛……纵广一十步，高五尺，四出陛，外壝相去二十五步，每方有棂星门，今先农、先蚕坛位在耤田内，若立外壝，恐妨千亩，其外壝勿筑。是岁命祀先农如社稷……先蚕之祀未闻。"[①] 这说明元武宗时期，先农、先蚕二坛同时建于皇家耤田之内。其时蒙元政权入主中华已历 40 年，元朝全盘接受中华坛庙典祀文化，从而表明其政府的合法地位。

该处坛址位于何处，早已湮没不清，但可大致判断其位置所在。《续通典》载："元世祖至元七年（1270）六月，立耤田于大都东南郊。"[②]《析津志》记载："庆丰闸二，在耤田东。"[③] 成宗元贞元年（1295）："耤东闸改名庆丰。"[④] 由此可知，庆丰闸原名耤东闸，以其在耤田之东而得名。庆丰闸俗称二闸，现有遗址保留，并辟为公园。据此，元大都耤田当在今东便门外至东三环通惠河庆丰公园之间，方圆约五里。[⑤] 元代的先农坛、先蚕坛就建在此范围内。

---

① 《元史》卷七十六，第 1891 页，中华书局，1976 年。
② 《续通典》卷五十，第 1429 页，浙江古籍出版社，2001 年。
③ 熊梦祥《析津志辑佚》，第 95 页，北京古籍出版社，1983 年。
④ 《元史》卷六十四，第 1589 页，中华书局，1976 年。
⑤ 《光绪顺天府志》，第 1300 页，北京古籍出版社，2000 年。

二、明代创设先蚕坛

明初，永乐帝迁都北京后，建立天地坛、山川坛、社稷坛、太庙等礼制建筑，但先蚕坛并未列入祀典。直到明嘉靖九年（1530），都给事中夏言等人的建议"请改各官庄田为亲蚕厂公桑园。令有司种桑柘，以备宫中蚕事""耕蚕之礼，不宜偏废"。嘉靖皇帝乃敕命"天子亲耕，皇后亲蚕，以劝天下。自今岁始，朕亲祀先农，皇后亲蚕，其考古制，具仪以闻"，[①] 由此明代的先蚕坛得以筹建。

然而在先蚕坛的选址问题上，却颇费了一番周折。大学士张璁等主张在安定门外建先蚕坛，詹事霍韬以道远为由予以否定。户部官员也主张安定门外水源不足，无浴蚕之所，建议仿照唐宋时期，在皇家宫苑中，利用太液池水浴蚕缫丝。然而嘉靖帝崇尚周制古礼，仍坚持将先蚕坛建在安定门外，并且亲自制定了先蚕坛的制度与规模："坛方二丈六尺，叠二级，高二尺六寸，四出陛。东西北俱树桑柘，内设蚕宫令署。采桑台高一尺四寸，方十倍，三出陛。銮驾库五间。后盖织堂。坛围方八十丈。"[②] 并于当年阴历四月在先蚕坛尚未建成的情况下，由皇后在安定门外举行了一次仓促的先蚕祭祀典礼。但是到了第二年就朝令夕改，又以皇后出入不便为由，命改筑先蚕坛于西苑仁寿宫附近（在今中南海西北部）。而安定门外的先蚕坛，则因道远不便，未完工即废弃，长期无人管理，形成积水坑洼，成为今日所见之青年湖。[③]

据《大明会典》卷五十一记载："先蚕坛高二尺六寸，四出陛，广六尺四寸，甃以砖石。又为瘗坎于坛右方，深取足容物。东为采桑台，方一丈四寸，高二尺四寸，三出陛，铺甃如坛制。台之左右，树以桑。坛东为具服殿三间。前为门一座，俱南向。西为神库、神厨各三间。右宰牲亭一座。坛之北为蚕室五间，南向，前为门三座，高广有差。左右为厢房各五间。之后为从室各十，以居蚕妇。设蚕宫署于宫左偏，置蚕宫令一员，丞二员。择内臣谨恪者为之，以督蚕桑等务。"[④]

---

① 《明史》卷四十九，第1273页，中华书局，1976年。

② 《明史》卷四十九，第1274页，中华书局，1976年。

③ 东城区志编纂委员会编《北京市东城区志》，第521页，北京出版社，2005年。

④ 李东阳等编《大明会典》卷五十一，第915页，江苏广陵古籍刻印社，1989年。

最终，在西苑建成的先蚕坛，还设置了一座办公机构——蚕宫署，并设官员管理，称蚕宫令、蚕宫丞，以负责先蚕坛的日常行政事务。每年季春（农历三月）择吉日，由皇后亲临先蚕坛拜祭"蚕神"，并观桑治茧，作为一种仪式，垂范天下，教化斯民，体现了封建王朝"男务稼穑，女勤织红"的治国理念。

到嘉靖三十八年（1559），实行不久的亲蚕典礼即被废止，直至明代灭亡，也再未实行过。明代的先蚕坛从无到有，由兴而衰，只不过存在了短短的 29 年时间，只约等于明朝国祚的十分之一。而且皇后亲自参加的亲蚕仪式，也只有嘉靖九年（1530）这唯一一次，此后再无明文记载。

三、清代改建先农坛

清代立国之初，承袭明制，先蚕坛并未列入祀典。清圣祖康熙对蚕桑开始重视起来，他曾在中南海丰泽园之东设立蚕舍，植桑养蚕，浴茧缫丝，并在内府设置了额定 825 名匠役，设立织染局，织染自产蚕丝。雍正十三年（1735），河东总督王士俊奏疏请祭祀先蚕："百神各依本号，如农始炎帝，止称先农神，则蚕始黄帝，亦宜止称先蚕神。按周制蚕于北郊，今京师建坛亦北郊为宜。"工部右侍郎图理琛奏请："立先蚕祠安定门外，岁季春吉巳，遣太常卿祀以少牢。"[1] 然而由于这时的雍正帝已久病缠身，自顾不暇，因而请立先蚕坛的建议就此搁置。

直到乾隆七年（1742）七月，大学士鄂尔泰又上奏折，请建先蚕坛：

古制天子亲耕南郊，以供粢盛。后亲蚕北郊，以供祭服。我皇上亲耕耤田，以示重农至意。乾隆元年议建先蚕祠宇，所以经理农桑之道，至为周备。今又命议亲蚕典礼。伏思躬桑亲蚕，历代遵行，但北郊蚕坛，向在安定门外。前明嘉靖时，以后妃出入道远亲莅未便。且其地水源不通，无浴蚕室，遗址久经罢废。考唐宋时后妃亲蚕多在宫苑中，明代亦改建于西苑……今逢重熙累洽，礼明乐备之时，亲蚕大典，关系农桑，自应遵旨举行，以光典礼。其应相度蚕地建立蚕坛蚕宫从室之

处，请交内务府会同工部等衙门办理。[①]

鄂尔泰提出了建立先蚕坛的动因是要遵从"帝亲耕南郊，后亲蚕北郊"的古制"以光典礼"。这时清朝立国已近百年，国家各项统治秩序已臻完善，而先蚕典礼的缺失，显然有违乾隆朝宫闱礼仪制度的完备性。在农桑为本、男耕女织的封建时代，既然皇帝要耕耤田祭先农，皇后作为六宫之首母仪天下，当然要起表率作用，因而建立先蚕坛的计划便提上议事日程。

同年八月初四，这天内务府大臣海望根据鄂尔泰的奏折，进一步提出了建坛构想，这个构想俨然是在详细考证历代先蚕祭祀之制的基础上提出的一个成熟的、具有可操作性的建坛规划：

奴才海望谨奏，为请旨事。窃惟古制，天子亲耕以供粢盛，后亲蚕以供祭服。自昔亲蚕大典，原与亲耕之礼并重。奴才谨按历代旧制，《周礼》仲春天官内宰，诏后率内外命妇蚕于北郊。有公桑蚕室，近川而为之，筑宫仞，有三尺棘墙，而外闭之。汉制蚕于东郊，魏黄初中蚕于北郊，晋太康年间蚕于西郊。立先蚕坛，高一丈，方二丈，四出陛，陛广五尺。在采桑坛东南，惟宫外门之外，而东南去惟宫十丈，在蚕室西南，桑林在其东。宋孝武置蚕室建大殿又立蚕观，北齐置蚕坊于京城北，去皇宫十八里，外有蚕宫，方九十步，墙高一丈五尺。其中起蚕室二十七（间），别建殿一区置蚕宫。令巫宦者为之，路西置皇（室）后。蚕坛高四尺，方二丈，四出陛，陛各广八尺。置先蚕坛于桑坛东南，坛高五尺，方二丈，四出陛，陛各五尺，外兆方四十步，面开一门，有橼檐楹构。隋制，先蚕坛于宫北三里，为坛高四尺。唐立先蚕坛于长安宫北苑中，高四尺，周回三十步。开元年间，又为瘗堉于坛之壬地。内墙之外，方深取足容物，南出陛，又为采桑坛于坛南二十步所，方三丈，高五尺，四出陛，量施帷幛于外墙之外。宋真宗朝筑先蚕坛于东郊，从桑生之义，其坛酌中用北齐之制。神宗年间定祀先蚕不设燎坛，但瘗埋以祭，徽宗朝仿北齐制，置公桑蚕室，度地为宫，四面为墙，高仞有三尺，上被棘。中起蚕室二十七（间），别建殿一区为亲蚕之所，仿

① 张廷玉等撰《清朝文献通考》卷一〇二，第896页，商务印书馆万有文库本，1936年。

汉制置茧馆，立织室于蚕官中，养蚕于箔，度所用之数为桑林，筑采桑坛于先蚕坛南，相距二十步，方三丈，高五尺，四出陛。明嘉靖九年，建先蚕坛于安定门外，准先农坛制，旁设采桑坛，仿耤田制。共别殿如南郊。斋制少减其数，即斋官旁起蚕房，为浴蚕室。后改筑坛于西苑仁寿宫侧。坛高二尺六寸，四出陛。广六尺四寸。东为采桑坛，方一丈四尺，高二尺四寸，三出陛。台之左右树以桑。东为具服殿，殿北为蚕室，又为从室，以居蚕妇。设蚕官署于宫左，置蚕官令一员，丞二员，择内臣谨恪者为之。是历代建立蚕坛规制，仿于周时，至北齐而制度略备，嗣后由唐宋以至于明，虽互有增益，大概悉仿北齐之制而扩充之。奴才谨就各朝所定，详加酌量，援古制以为程，据地形而相度，拟建先蚕坛所，南向方广二丈六尺，四出陛。采桑坛所，古制原有东向，取桑生之义。今拟用东向，方广一丈四尺，三出陛，于坛之四围广植桑树。建蚕官正殿五间，配殿六间为新蚕室，织室五间，茧馆六间，从室二十七间。外建神库九间，蚕官署九间。至具服殿一区，创自明嘉靖年间，从前各朝采用帷幕，均未议定建殿宇，现已于图样内照明代将具服殿画就，如减盖或仿晋唐之制，酌用帷幕，谨绘成图样三张。恭呈御览，伏候圣明指定，另行放样烫胎呈览。至于高下丈尺及应需工料统俟逐细估计，奏请谕旨遵行，为此谨奏。

海望历数了前朝各代先蚕坛的规制，据此初步拟定出清先蚕坛的建筑形制，并进行了绘图和模型（烫样）制作。

同年九月初八，海望又上奏道：

乾隆七年八月二十六日将先蚕坛烫样呈览，奉旨照样准做，钦此。钦遵随即率员踏勘，约估得先蚕坛祭台、采桑台、蚕官、织室、茧馆、神库、神厨、井亭，从室殿宇房座八十七间。天门、宫门、瘗坎、方河、桥闸十一座并各处随墙门座、大墙、月台、海墁甬路，填筑海岸河道，起培地基以及拆修外围大墙等项，除需用颜料向户部领用，琉璃瓦料、杉木、架木、席竿向工部取用，绫绢纸张、铜锡物料，向广储司领用，亮铁槽活交武备院办造，并遵旨将建福宫、瀛台等处余剩木、石、砖瓦选用外，所有办买木、石、砖、灰、绳、麻、钉、铁、杂料等项，以及各作匠夫工价，约估银九万六千五百余两。再查得兔儿山前有旋磨台一座，经年久远，倾圮不堪，其中周围砖块甚多，并有补垫河帮石料，此项旧有砖石不便任其弃置，今现在修建蚕坛，奴才愚见请即将此项砖石拣选添用，约估银砖块值银四千三百余两，石料值银三千四十余两，除将前项约估银两扣除外，净应需银八万九千一百六十余两，请向广储司支领应用，以便今冬备料，明春兴修。谨将约估殿宇、房座需用物料工价银两数目另缮清单，一并恭呈御览。为此谨俱奏闻。①

海望将先蚕坛的设计方案和工程预算呈报皇帝，乾隆帝大为高兴，对此规划予以批准。从乾隆七年九月二十日动工至乾隆八年九月二十七日，先蚕坛建成完工。据十一月二十一日奏销档记载，先蚕坛建设共"销算银七万四千一百二十七两七钱二分二厘"，比预算有所结余。

新建成的先蚕坛，垣周160丈（合今512米），占地面积17160平方米。《日下旧闻考》卷二八记载了先蚕坛的形制：

先蚕坛在西苑东北隅。先蚕坛乾隆七年建，垣周百六十丈。南面稍西正门三楹，左右门各一。入门为坛一成，方四丈，高四尺，陛四出，各十级。三面皆树桑柘，西北为瘗坎。我朝自圣祖仁皇帝设蚕舍于丰泽园之左，世宗宪皇帝复建先蚕祠于北郊，嗣以北郊无浴蚕所，因议建于此。坛东为观桑台。台前为桑园，台后为亲蚕门，入门为亲蚕殿。观桑台高一尺四寸，广一丈四尺，陛三出。亲蚕殿内恭悬皇上御书额曰"葛覃遗意"。联曰："视履六宫基化本；授衣万国佐皇猷。"亲蚕殿后为浴蚕池，池北为后殿。后殿恭悬皇上御书额曰"化先无斁"。联曰："三宫春晓觇鸠雨；十亩新阴映鞠衣。"屏间俱绘《蚕织图》，规制如前殿。宫左为蚕妇浴蚕河。南、北木桥二，南桥之东为先蚕神殿，北桥之东为蚕所。浴蚕河自外垣之北流入，由南垣出，设牐启闭。先蚕神殿西向。左、右牲亭一，井亭一，北为神库，南为神厨。垣左为蚕署三间，蚕所亦西向，为屋二十有七间。②

院内殿宇、游廊、宫门、井亭、亲蚕门、墙垣均为绿琉璃瓦屋面，通蚕桑之意。将先蚕坛建于西苑之中，既方便了皇后妃嫔等亲蚕，又与园林景观融为一体，将坛庙建筑的规整庄严融于西苑景致优美的山水风

① 中国第一历史档案馆藏《内务府奏案》第40包。
② 于敏中等编纂《日下旧闻考》卷二十八，第391—192页，北京古籍出版社，2001年。

光中，匠心独运又相得益彰。

蚕坛建成不久即发生火灾，烧毁蚕舍十四间。乾隆十三年（1748）十月三十日奏案：

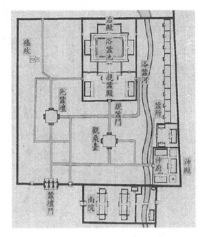

清代先蚕坛图样

总管内务府谨奏：为奏闻料估钱粮数目事。据提督九门兵巡捕三营统领衙门文开，乾隆十三年十月十九日本衙门奏称，本月十八日晚间蚕坛内东边养蚕房失火，烧毁房九间，交总管内务府修造。等因具奏。奉旨，知道了，钦此。钦遵前来，臣等交该司料估得，据该司料估呈称，蚕坛内失火烧毁养蚕六檩房九间，灭火拆毁养蚕房三间，太监值房二间，共房十四间，内烧毁房九间，照依旧式重复盖

造，安砌台阶、柱顶，竖立大木，头停铺望板，苫背瓦布筒瓦，成砌山檐隔断坎墙，屋内定锭棚、墁地、搭炕装修，红土油油饰。拆毁房五间，挑换头停，除将官房内现今歪斜将圮房九间拆毁，旧木砖瓦石块应用外，共用银六百三十一两七钱二分一厘，向官房收租库领取等因。

到乾隆二十二年（1757），对先蚕坛进行了扩建。据《奏销档》记载：

乾隆二十二年五月二十七日，遵旨。先蚕坛南边新建官门三间，前殿五间，抱厦三间。后殿五间，前后抱厦六间。配殿二座，记六间。周围转角游廊三十六间。殿前豆渣石水池一座。东边临河房三间，游廊十二间。随山式院墙凑长五十六丈二尺，随墙门楼一座，石桥一座，牌楼二座，山石出水河口一道。南边点景房四座计二十二间，游廊二十九间，山石水池一座，青砂石弯转桥一座，东边筒子河一道。并挪盖船坞一座，计十一间。值房、库房十四间，院墙三十丈，龙王庙三间，请旗房四间，并成堆土山，培垫河沿，堆做山石泊岸以及油饰彩画裱糊等项目……共约需银八万八千七百三十五两。

道光十七年（1837）十二月奏案：

先蚕坛具服殿一座五间，内西稍间拆盖，其余四间揭；更衣殿一座五间，配殿四座，每座三间，游廊四座，每座五间，净房二座计二间，俱揭；神殿一座三间，配殿三座，每座三间，省牲亭一座，俱揭；井亭一座拆盖。宫门一座，亲蚕殿一座，俱夹陇；蚕池一座，水箱一座拆修以及拆修、粘修涵洞、拜台、采桑坛、月台陛、木影壁、坛墙、院墙、随墙门口、拆墁甬路、海墁散水。

同治二年（1863）四月十九日奏案：

蚕坛内木板桥一座，栏杆间有散坏，板片间有损坏。蚕坛内外门墙垣间有坍塌，东大墙里外皮坍塌。

宣统三年（1911）六月奏案：

自宣统三年三月至五月初五止，传做各项活计……蚕坛后木板桥一座，计三孔，各长一丈，宽一丈五尺，代挂檐。满换栏杆挂檐板并桥板，计板厚五寸五分，栏杆十四堂，两边挂檐板凑长六丈六尺，宽一尺二寸，厚二寸，随铁活。油饰栏杆，挂檐板俱使无光柿红油做。[1]

四、先蚕坛功能的转变

清末，先蚕坛逐渐荒废，一度为蒙古人利用，成了火葬之所，臭味难闻。[2]进入民国后，先蚕坛一直闲置，作为北海的一部分存在，建筑多已陈旧，存在不同程度的凋敝。据成书于1924年的《三海见闻志》记载，先蚕坛曾为河道派出所使用。[3]1925年，北海公园开园后，被拆除的西苑小火车钢轨曾运至先蚕坛搭建房屋。1930年代，先蚕坛曾先后为历史语言研究所、北京大学医学院租用。[4]1941初，国货陈列馆奉

[1] 中国第一历史档案馆《奏销档》，第208册。
[2] 齐如山：《北平怀旧》，第51页，辽宁教育出版社，2006年。
[3] 适园主人：《三海见闻志》，第83页，京城印书局，1924年。
[4] 北京市档案馆藏档案J29-3-558。

伪北京特别市公署令"推陈出新，切实整顿"，将馆址迁移至北海先蚕坛。并于阴历正月十六日（1941年2月11日）上午12时举行了开幕典礼，开幕当日，伪北京特别市市长秘书、市属机关长及各厂商代表均来到北海先蚕坛新馆址参观。因先蚕坛内空间狭小，又借用北海公园董事会房间举行了隆重的招待会。[1]

抗战胜利以后先蚕坛仍为国货陈列馆使用。1948年对先蚕坛古建筑进行了修缮保养，主要是对殿宇的屋面进行了清理修补，以防渗漏，而至于砖石基础及木构屋架部分，却没有进行有效的勘查和维护。更有甚者将屋脊吻兽、山花博缝等琉璃构件的修补，以洋灰、沙子、木板、铁丝、绿油漆等加以仿制，其因陋就简的程度可见一斑。1948年底，平津战役已经打响，"华北剿共"节节失利，国民党军队被围困于北平城内。败退入城的傅作义主力第35军下属262师785团1营士兵强行进入先蚕坛，占据达两个月有余，直至北平和平解放后，才撤出先蚕坛。驻军期间，先蚕坛的建筑设施略有损坏。[2]

1949年4月1日，经北京市公用局军管会批准，将蚕坛全部房屋拨借给北海实验托儿所使用，7月份托儿所迁入先蚕坛。1951年1月23日，北京市人民政府公园管理委员会函北海公园管理处："关于北海实验托儿所借用你处蚕坛建筑房屋订立手续问题，兹拟订协议书一纸，希按此项精神径与该所订立为荷！"[3]

北海实验托儿所初入先蚕坛时，坛内杂草丛生，一片狼藉。第一任园长陆琳，为修建园舍四处求援。蒙陈毅、贺龙、罗荣桓、薄一波等领导的支持，筹集资金一百余万元。又对原有部分殿宇进行了修缮，并将旧式门窗改成新式玻璃门窗，安装暖气及儿童漱洗设备并油饰一新，先蚕坛祠祭署等古建筑被拆除，浴蚕池被填平。在先蚕坛台即亲蚕门西侧，添建做厨房用的平房和儿童教室、活动室、礼堂、办公室及锅炉房等混合用两层的楼房（该楼是由梁思成先生推荐的清华大学张昌龄教授在先蚕坛坛台原址设计），共约3800平方米，在观桑台旧址即亲蚕门南，开辟为儿童活动场。随后北海幼儿园不断发展，逐渐成为蜚声国际的幼教典范，很多国际友人来此参观访问。朱德、宋庆龄、周恩来、邓

---

① 北京市档案馆藏档案 J20-1-184。

② 北京市档案馆藏档案 153-1-390。

③ 北海景山公园管理处编《北海景山公园志》，第85页，中国林业出版社，2000年。

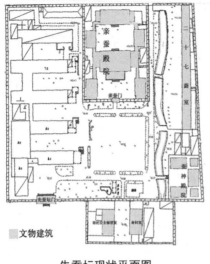

亲蚕殿院

二十七盏室

蚕神院

先蚕坛门

■ 文物建筑

先蚕坛现状平面图

颖超、李先念等老一辈革命家，也曾来园看望教师和孩子。

1976 年后，又对先蚕坛内全部古建筑和幼儿园早期添建的平房和楼房，进行比较彻底的修缮和加固，并将原楼内的锅炉移至南院另添建锅炉房，由北京市房修二公司古建处施工，投资 127 万元。目前，先蚕神坛、浴蚕池、观桑台和蚕坛祠祭署均已无存，其余建筑保存较好，2008 年北京奥运会前后，先蚕坛各进行过一次大规模修缮。

历经沧桑的先蚕坛早已失去了封建王朝的瑰丽辉煌。被北海幼儿园长期占用后，先蚕坛坛台、蚕署、观桑台等文物建筑被先后拆除。今日之先蚕坛仅余残躯败垣，建筑构件破损，彩画被涂油漆，消防设施不完备，私搭乱建严重，与先蚕坛全国重点文物保护单位的身份极不相符。自 2001 年以来，就有人大代表、政协委员等提案，多次呼吁腾退先蚕坛，恢复历史原貌。果能如是，必将成为建设北京历史文化名城事业的又一善举！

刘文丰（北京市古代建筑研究所　副研究馆员）

北京先农坛耤田历史探究

◎郭爽

北京先农坛始建于明永乐十八年（1420），是明清两代封建帝王祭祀先农并举行亲耕耤田典礼的场所，先农坛位于南中轴线西侧，与天坛隔街相望。现存五组独立古建筑群，是北京皇家祭祀建筑体系中保留较为完整的一处，它作为皇家的重要祭坛之一已有近600年的历史了。这里古树参天，环境幽静，深藏于车水马龙的都市之中，自成一片天地。在明清时期，先农坛作为城南非常重要的祭祀场所经历着历史的变迁；今天的北京先农坛已被列入北京中轴线申遗项目14处遗产点中，散发它独有的魅力，而先农坛中的耤田景观展示也将作为整个中轴线上的一处亮点呈现在大众眼前。

一、古坛沧桑

北京先农坛始建于明永乐时期，大部分建筑也始建于永乐十八年（1420）。明成祖朱棣迁都北京，悉仿南京旧制，在北京营建各处祭祀场所。明永乐十八年（1420）在北京的南郊正阳门外天桥西南，隔街与天坛中轴对称之处营建先农坛，始称山川坛。

明初，太祖朱元璋定都南京，各项礼仪初定，洪武九年（1376）为简化礼仪，易于祭祀，明太祖最终决定在南京正阳门外建山川坛、太岁坛，并建旗纛庙，这一综合性坛庙建筑群是将太岁、风、云、雷、雨、四季月将、岳镇海渎、京畿山川和天下名山大川以及京都城隍诸神放置于此共同祭祀，而先农坛也建于其中。永乐初年，成祖朱棣颁诏迁都北京，并下令于1406年营建北京城。"初营建北京，凡庙、社、郊祀坛场、宫殿门阙，规制悉如南京，而高敞壮丽过之。"（《明实录、太宗实录》卷二三二）①因此北京先农坛最初是按照南京旧都山川坛规制所建，原名为山川坛，缭以垣墙，周回六里，中为殿宇，左为旗纛庙，西南为先农坛，下皆耤田。此时北京山川坛的格局为正殿七间，内祀太岁、风云雷雨、五镇五岳、四海四渎、钟山之神。东西各一庑殿，均十一间，祭春夏秋冬十二月将神。这一格局一直延续到嘉靖十年，而随着明世宗对祀典的全面更定，天地分祀，郊礼制度重新确立，也造成了先农坛格局的重大变化。

嘉靖十年（1531），嘉靖皇帝下令在耤田北侧搭建木构观耕台，以便皇帝亲耕后站在高处观看三公九卿耕种。嘉靖十一年（1532）先农坛内外坛墙之间又新增两座坛，分别是天神、地祇二坛。这两座坛台的修建是为了配合郊礼改制的颁布，把原来在正殿中与太岁神合祀的风云雷雨、岳镇海渎诸神迁出内坛单独祭祀。另在太岁坛中建太岁殿，专祀太岁，月将、旗纛、城隍等神则分祀在东西两庑殿中。南面为拜殿，殿之东南修砌一座燎炉，太岁殿西侧修建神仓院落，内建神库、神厨，再往西为宰牲亭院落，院内南为川井。太岁殿东侧建斋宫、銮驾库，再东侧则为先农坛外坛墙东天门。此外，神仓和旗纛庙也于嘉靖中期建成，至此，由嘉靖帝主持的郊礼改制对先农坛的影响已经完全显现出来。先农坛内神祇、太岁和先农各有专祀场所，并以不同的规制和各具特点的建筑形式奠定了北京先农坛的建筑格局。

北京先农坛走过大明王朝，直到乾隆年间国立昌盛，政治稳定，对先农坛内建筑做了部分修缮和改建。乾隆十八年（1753）奉谕旨将先农坛旧有的旗纛殿撤去，将神仓移建于此。太岁坛、先农坛均在乾隆十九年（1754）进行重修，而嘉靖十年修建的木构观耕台也在同一年改为砖石结构，台座前、左、右三面出陛，周以石栏。乾隆二十年（1755），奉御笔将北京先农坛斋宫改为庆成宫，最终形成了由太岁殿院落、具服殿、神仓院落、神厨院落、庆成宫院落、先农神坛、观耕台、神祇坛（天神、地祇坛）组成的一组规模宏大，功能齐全、建筑风格独具特色的皇家坛庙。直至清末，先农坛的格局始终未改变。②

---

① 《北京先农坛史料选编》编纂组《北京先农坛史料选编》，学苑出版社2007年版，第1页。

② 同①，第309页。

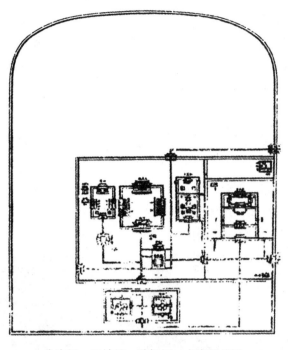

先农坛、天神坛、地祇坛、太岁殿总图

先农坛内的建筑布局一反中国传统建筑的中轴对称原则，坛内没有明确的中轴线，建筑的规划和营建均是根据当年皇帝各项祭祀活动实施的。坛内的五组独立古建筑群可按功能划分为三组古建筑组群，分别是祭祀先农建筑组群、祭祀太岁神祇建筑组群和耕藉礼建筑组群。祭先农建筑组群包括先农神坛、神厨院落和宰牲亭。先农神坛位于太岁殿院落西南，是皇帝露祭先农神的祭坛。神厨院落和宰牲亭位于太岁殿院落的西侧，两者分别做摆放先农牌位、存放祭祀用品以及宰杀牺牲之用。祭太岁神祇建筑组群包括太岁殿院落、焚帛炉以及天神地祇坛。太岁殿院落是北京先农坛内最大的一处建筑群，而太岁殿也是先农坛内体量最大的一处单体建筑。焚帛炉是祭祀时焚烧祝文和祝帛的专属建筑，为砖石仿木构建筑。天神地祇坛位于先农坛内坛门南门外正南，天神坛在东，南向；地祇坛在西，北向。四周红墙围绕，供奉山岳海渎之神，现只剩地祇坛九座石龛，2002年秋移至先农神坛东南侧进行保护。耕田礼建筑组群包括观耕台、具服殿、一亩三分地、庆成宫和神仓院落。具服殿为皇帝进行耕藉礼前更换龙袍的处所，位于拜殿东南，其正南侧为观耕台，东、西、南三面出阶各九级，台前正南侧为耤田，俗称"一亩三分地"，耤田礼结束后去庆成宫行庆贺礼，最后耤田中所收获的粮食均放置在神仓院落保存，以备各大祭祀活动中所用粢盛。这三组建筑组群既分散又集中，既高大雄伟又精巧别致，既协调统一又各具特色。每组建筑组群都设有院墙，这些院墙起到了分割空间的作用，把每组建筑组群的功能也都逐一划分清晰，各个功能互不妨碍，每个功能都有相对密闭的空间，使整个先农坛规划的相当有序、合理，视觉上非常统一，而进入到每个院落，却又错落有致，各个建筑体量不一，形制不同，视觉上又豁然开朗。这三个组群既不相互对称，又不在一条轴线上，而是错落排列。这看似毫无关联的各个部分，实际上是围绕当年皇帝祭祀活动由西向东而排列展开，这不仅保证了祭祀活动的连贯完整性，从实际情况考虑建筑布局，还体现了帝王的庄严神秘，蕴含了中国古代祭祀活动的天人合一，并突出了中国古代建筑张弛有度、疏密得当的建筑风格。

祭坛

太岁殿

焚帛炉

石龛

具服殿

观耕台

庆成宫

神仓

那么耤田礼建筑组群中的建筑又是如何分工的呢？具服殿是明清两代皇帝祭祀完先农更换亲耕礼服皮弁服的地方，它与观耕台处在同一条轴线上。观耕台，是明清时期皇帝观看大臣行耕耤礼的观礼台，在明代初年，皇帝站在平地上观耕。大臣提出，皇上与大臣在同一高度观耕，有损天子威严，于是从嘉靖十年（1531）起，每年皇帝亲耕时都要临时搭建一座木构的观耕台，皇帝在观耕台上观看三公九卿终亩。这一做法一直持续到清代，到乾隆十九年（1754）下令将木构观耕台改为砖石结构，就是我们现在看到的样子，这种类型的建筑现在只有这一处，弥足珍贵。观耕台，高1.6米，台平面19米见方，东、西、南三面各建有九级台阶，以莲花图案装饰，象征吉祥如意，这在其他一些祭坛上是很少见的。台上有汉白玉石栏板围护，云龙形象装饰望柱。台底的须弥座用黄绿琉璃砖筑成，琉璃砖上雕花草图案。一亩三分地，清代官方称为"耤田"，开辟于先农坛观耕台之南。明清两代在此举行耕耤礼，天子亲耕耤田。耤田的大小在文献中并没有记载，按清制及结合文献推算，耤田长约50米（最大），宽约16米（最大），面积约为798.92平方米。民国开始，一亩三分地遗址改作城南公园花圃，该遗址现为北京育才学校篮球场。庆成宫始建于明天顺三年（1459），当时叫作"斋宫"，是皇帝祭祀亲耕前斋戒的地方，但是从建成后基本没有使用过。乾隆十九年，改称为"庆成宫"，成为皇帝亲耕前休息及行耕耤礼后举行庆贺的地方。神仓，明清时期，皇帝亲耕的耤田收获下来的粮食就储存在这里，用于京城皇家坛庙的祭祀。为了使这些粮食免遭虫害，防止发霉，在建筑上采取了一系列措施，如建筑上使用雄黄玉（三硫华砷）彩画，颜料有巨毒，可以驱虫，为了便于通风换气，防止谷物发霉，在仓房上都开有气窗，这些建筑均服务于明清两代统治者的耤田礼。统治者借助这种敬天祭神的"耤田礼"，即天子扶犁亲耕的礼仪，以达到"使民如借"，完成千亩劳作的目的。后将典礼纳入国家祀典，流程趋于模式化，发展到清代尤为完善。

二、耤田溯源

古代中国是一个以农业为传统经济的国家，几千年的文明史中，蕴含着农业经济发展的历史。古代先民也不断地从现实生存的需要出发，不断实践着对于自然环境的创造性开发和价值利用。耤田又称帝耤、千亩、王耤。耤田由公田演变而来,公田出自井田制,《孟子·滕文公》说:"方里而井,井九百亩,其中为公田,八家皆私百亩,同养公田。"远古氏族社会之时,开垦出的耕地归全体氏族所有,全体氏族成员对于私田只有使用权,没有财产权。分配于氏族成员名下的耕田,名为私田。除此之外,还有一些土地属于氏族全体成员名下共有的田产,这些共有的田产每年耕作时由氏族首领带领氏族成员一道进行耕作,待秋收时也由全体成员共同收获。这种公有田产就是氏族的"公田",因需要借用氏族成员的共同劳作才能完成便称"耤田",耤田收获的农作物用以供奉氏族的祖先,及天地、山川、社稷。儒家经典《礼记》中,有周天子曾率百官孟春耕作耤田的记载,后世因以周礼为制度始,故而也将耤田称作"千亩""帝耤"。耕耤礼源于古代祈求丰年、鼓励农耕的公共仪式。氏族社会瓦解进入国家阶段后,耤田早已在事实上为国家中的各级统治者占为己有,但所谓"公田"名义上还存在,因此耤田的耕作仍然以国人(非奴隶身份的自由民)为耕作主体进行耕作。此时国家中的统治者(天子、诸侯)已不再像祖先那样进行劳作,代之以在田中进行率先农耕行为。这种象征性地进行率先耕作,借以带动国人完成耤田农耕的行为,逐渐被确定为一种礼仪,称为"耕耤礼"。①

　　"耤田礼"实际是帝王在特定的田地里模拟耕种的仪式。以耤田之日祀先农之礼始自汉代,耤田仪式通常在都城南郊举行。这种集亲耕、观耕与祭祀先农为一体的仪式并非年年举行的常典,只有当皇帝觉得有必要加强一下对农业的重视,或显示一下太平盛世的景象时就会来一次耤田仪式。唐宋以后,耤田礼不断松弛,但一直没有被废止。明清时期,随着封建王朝典章制度的完备,祭先农与耤田礼被列为国家重要祀典。以躬耕的形式向先农献祭,称为"亲耕享先农",这在诸多以拜祭为主要祭祀形式的祭祀礼仪中是比较特殊的一种。特别是明清以降,皇帝于仲春时节在先农坛祭祀先农,主持耤田礼,亲自扶犁三推,以示天下农事开始,这可以说是帝王重农思想垂范于民的典型范例。而天子的耤田是千亩,诸侯的耤田是百亩,九卿士大夫的为五十亩;天子实行三推三返,三公实行五推五返,诸侯九卿实行九推九返;日期为孟春三月,也就是每年农历三月时节,天子亲耕于王都南郊,诸侯亲耕于国都东郊,这些规制最终构成了后世历朝历代统治者亲耕耤田、行耤田礼的

　　① 《先农坛百问》,学苑出版社2014年版,第6页。

重要制度依据，最终纳入国家祀典。

耤田虽然是统治者实行礼仪的田地，但仍旧是田地，与百姓家的耕田并无不同，仍旧需要专人来管理和种植。种植农作物除了有专门的官员指导耕作、观察农情以外，还需要自然环境和气候因素配合，才能保证秋收有成，来供给各个祭祀场所粢盛充足。粢盛是借用为祭祀所用谷物之通称，《左传》中有"粢盛丰备"的记载。粢，祭祀所用之黍稷等谷物。盛，祭物盛在祭器中。粢盛与牺牲一样，都是礼神的重要祭品，粢盛是否丰洁，关系到对鬼神是否恭敬，更是关系到祈望能否实现，因此粢盛的生产与贮藏的管理就变成了大事，与祭祀密切相关，那么耤田上种植的农作物也变得尤为重要。早期中国处于黄河流域，当时的主要农作物都是旱地作物，据考古发掘的文献所考，我们所说的五谷是指稷、麦、黍、菽、粟。这五种农作物在今天，我们依然能够看到。稷是今天我们吃的不黏的黄米，而黍则指的是黏的黄米，并且是最早出现在我们祖先的餐桌上的，考古文献显示，黍出现在我们祖先最早的农业生产中，并一直流传到今天的一种谷物。麦，所指的并不是今天我们吃的小麦，而是燕麦、荞麦和莜麦等。粟就是今天我们说的小米，菽就是我们今天的豆类，比如大豆、蚕豆、红豆和绿豆等。对于耤田上种何种谷物，虽然文献中尚未明确提到，但天子亦食五谷，无外乎这些农作物，因此当时耤田所种谷物的范围应该也在于此。而到了后期随着政权更迭，国家领土范围改变，气候环境也与当初不同，北方旱地作物无法种植，江南地区的稻则成为了当时耤田农作物的主角。直至明代，所谓周朝所立的耤田千亩在明初的时候被太祖朱元璋以应天城南地域不开阔为由，改为一亩三分，并一直沿用到清代。明永乐十八年（1420），成祖朱棣在北京重新营建了先农坛，自永乐十九年（1421）起，朱棣正式迁都北京，北京先农坛也正式作为皇家祭祀先农之地启用，先农坛中的耤田也为各个皇家坛庙的祭祀活动提供粢盛。而此时耤田中农作物的种植则有了明确的文献记载，明确了种植的农作物中有黍、稷、稻、粱以及芹菜和韭菜等蔬菜。延续到清初，直至乾隆时期下令修葺北京先农坛，同时认为坛内农夫耕种养护耤田，走来走去影响坛内静谧清幽气氛并对神灵不敬，遂下旨禁止再种植菜蔬，改种松、柏、榆、槐。因此至乾隆十九年（1754），种植五谷，供各个坛庙粢盛的功能变成了北京先农坛耤田最主要的功能。

三、典礼复原

　　根据史籍记载，乾隆皇帝十分重视祭祀先农的活动，据统计，清朝皇帝亲耕、祭祀先农的活动共 248 次，而乾隆皇帝在位 60 年进行了 50 多次，直到他 70 多岁，只要身体力行，就会亲耕示范。那么清代皇帝如何躬耕耤田，我们可以通过文献复原一场乾隆时期皇帝耤田礼的场景。

　　当年仲春吉亥之日前一个月，由礼部报请耕耤日以及从耕的三公九卿官员名单。得旨，命亲王、君王三人，卿二九人从耕。[1]顺天府尹准备躬耕所用的丝鞭、耒耜，并把耒耜漆成黄色，并黄色的犊牛、稻种和青箱一并备好，以供天子之用。同时从耕官员中三王所用的麦、谷，九卿所用的豆、黍、青箱、鞭以及耒耜都要备好，并将耒耜漆成红色，选用黑色的牛来从耕。耕耤礼举行前一日，先遣官到宫中奉先殿祗告祖先。典礼当日黎明，顺天府的官员设两个台案在太和殿的东檐下，龙亭中陈放躬耕用的鞭子、耒和种箱，彩亭中陈放麦、谷、豆和黍的种箱。銮仪卫备好曲盖和御仗，乐部和声署设鼓吹，都候于午门外。顺天府尹率部下奉耕器于第一个台案上，鞭在左，耒在右；奉种箱于第二个台案上，稻种居中，麦和谷在左，豆和黍在右。

　　皇帝御驾中和殿，先审阅祭祀先农的先农坛祝版，完毕后，皇帝阅览耕器和五谷种子。完毕后，奏报礼成。下一个流程皇帝要出宫至先农坛，在这之前还要顺天府尹还要奉鞭、耒和种箱出午门外，放置在各个亭内，跟随仪仗，奏导迎乐作《禧平之章》。

　　耤田礼当日，工部官员要洒扫观耕台上下，设御屏宝座于台上，正中位置，面朝南。武备院官员提供御座、铺陈，顺天府官员放鞭、耒、种箱龙亭于耤田左右，放麦、谷、豆、黍种箱彩亭于从耕位的左右，放耕器、农器于观耕台下东西两侧。

　　鸿胪寺官员来负责辨位，确定耤田北边正中为皇帝亲耕位。户部尚书一人在右侧，顺天府府尹一人在左侧，礼部尚书一人、太常寺卿一人、銮仪卫使一人在前，六七十岁的老人，称为耆老，二人，农夫二人，掌耕犊牛立表于左右。耕耤典礼的禾词乐队、指挥五色彩旗的五十人、鸿胪寺鸣赞等相关人员各就各位。等待祭拜先农的仪式结束后，皇

　　① 《先农崇拜研究》，董绍鹏著，学苑出版社 2016 年第一版，第 455 页。

帝至具服殿更换龙袍准备亲耕。礼部司官员三麾红旗，礼部尚书报请耕
耤礼，皇帝出具服殿，来到耕位。户部尚书此时跪进耒，称为受耒。顺
天府尹跪进鞭，称为受鞭。于是皇帝左手执耒右手执鞭，耆老二人牵黄
色牸牛，农夫二人扶犁，此时鼓乐齐鸣，禾词歌起，彩旗飘扬，在太
常寺官员的恭引下皇帝开始进行耕耤礼。顺天府尹手捧青箱，随后户
部尚书侍郎播种。皇帝进行三推三返的耕种，完成整个耕耤礼，以示
天下先，亲行农事，劝课天下。耕毕，歌止。顺天府尹再将青箱重放
回龙亭，户部尚书跪受耒耜，顺天府尹跪受鞭，再将耒耜和鞭重放回龙
亭内，皇帝换下耕种的补服。礼部尚书奏请皇帝上观耕台，观看三公九
卿耕种。此时从耕的三王、九卿也要进行受鞭受耒，耆老牵牛，农夫扶
犁，顺天府属丞一人捧着青箱，一人随着播种。三王五推五返，九卿九
推九返。完毕后，将耒耜和鞭以及青箱各自复位彩亭，最终顺天府尹偕
大兴和宛平县令率领农夫完成耤田全部的耕作。最后由礼部奏报耤田礼
成，奏导迎乐《佑平之章》，皇帝起驾回宫。各官依次退还，赏赐耆老
和农夫。

北京先农坛耤田是明、清两代皇帝扶犁亲耕表率臣民之地，是祭
祀先农耕耤典礼仪式的核心，该处遗址具有独一无二的历史文化价值，
因此对该遗址的研究与利用具有重要意义。一亩三分地是北京先农坛农
耕文化的核心体现区，是中国古代天子亲耕农田"以为天下先"的耤田
礼活动区。1949 年以来一直由北京市育才学校使用，2002 年前后被改
建为篮球场至今。耤田与观耕台长期分割，难以统一规划利用，不利
于全面展示先农坛的历史文化。2017 年 12 月，为落实历史文化名城保
护、配合北京中轴线申遗，恢复北京先农坛皇家祭祀坛庙建筑原貌，北
京古代建筑博物馆将利用先农坛地区的整体文化资源，结合先农坛自身
特点，统筹策划展示体系，发挥资源综合效益。在满足文物保护的前提
下，使之成为公益场所，使文物受惠于民。在深入挖掘传统文化内涵的
基础上，恢复耤田历史风貌，提取文化精髓，并开发与之相关的社会文
化教育活动和文化创意品牌活动，同时开发与其配套的文化创意产品，
从真正意义上让文物活起来。

郭爽（北京古代建筑博物馆社教信息部　副研究馆员）

北京先农坛钟鼓楼改制原因初说

◎陈媛鸣

北京先农坛位于北京城西南方，清代城市中轴线南端的西侧。创建于永乐十八年（1420），是明清时期皇帝祭祀先农之神并进行亲耕耤田的场所。初为明代山川坛，永乐十八年（1420）营造北京城，城中、城郊宫殿、坛庙、衙署等官式建筑"悉仿南京旧制"，当时太岁神、先农神、风云雷雨、岳海镇渎、钟山之神共祭于山川坛之内。经过明英宗天顺二年（1458）修建山川坛斋宫，明世宗嘉靖十年（1531）下旨每年亲耕前临时搭建木制观耕台，嘉靖十一年（1532）建成先农坛神仓，逐步完善了祭祀先农神的相关建筑，形成了包括先农祭坛、神厨建筑群（神厨、神库、神版库、井亭）、宰牲亭、神仓建筑群、斋宫建筑群、具服殿、瘗坎、仪门、观耕台，一整套服务于先农之祭的建筑。这其中以斋宫规模最大、占地面积最广、自用配套设施最全（含前殿、后殿、御膳房、御茶坊、钟楼、鼓楼等）。

一、先农坛钟鼓楼

庆成宫建筑群位于先农坛内坛东门和先农门之间迤北。始建于明天顺二年（1458），原为明代山川坛的斋宫。创建斋宫的最初目的，是为了明代天子祭祀山川之神、先农之神前斋戒之用，所以一切按照斋宫的规格营建。

明天顺二年八月乙亥，建山川坛斋宫，遣工部尚书赵荣祭司工之神。

——《明英宗实录》卷294

天顺二年十二月戊寅，上召内阁臣李贤，问曰："祭山川坛欲以勋臣代祭，可乎？"贤曰："有故须代，但祖训以为不可。"上曰："理当自祭，第夜出至彼，无所止宿，已命工部效天地坛建一斋宫矣。"贤曰：

"须减杀其制，可也。"上曰："固然。"是后，日未夕时，驾出至斋官，祭毕至明而回。

——《明英宗实录》卷298

　　山川坛钟楼、鼓楼分别位于斋宫建筑群宫门外广场的东南角和西南角。清朝作为一个少数民族政权，在创建之初对前朝的祭祀建筑继续留用，祭祀制度也大部分承袭。所以，清初先农坛建筑格局完全是明代嘉靖以后的样式。

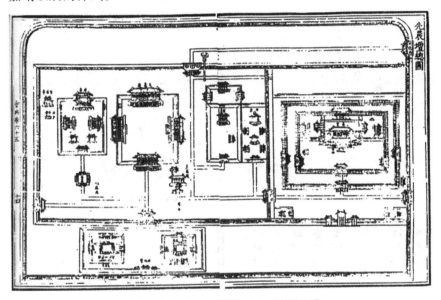

清朝初年先农坛平面图 引自《郊庙图》

　　清乾隆二十年（1755）奉诏将先农坛斋宫改称庆成宫，作为皇帝进入先农坛后下轿并存放御辇、等候耤田耕作完毕犒赏百官随从、接受朝贺所在。先农坛在此时经历了一次规模较大的修改建，直接形成了沿用至今的北京先农坛格局。其中就包括，拆除庆成宫钟楼外的围墙及西南角鼓楼。对于先农坛钟鼓楼此次的改建在历史文献上并没有文字记载，但是通过乾隆二十年前后文献中所绘庆成宫平面图的对比，或者乾隆二十年（1755）以后的文字记载，可以得知此次改动。

　　坛垣东门外，北为庆成宫，南向，正殿五间，崇基石阑。……外宫南中三门，左、右各一门，东南钟楼一。

——《宸垣识略》卷十

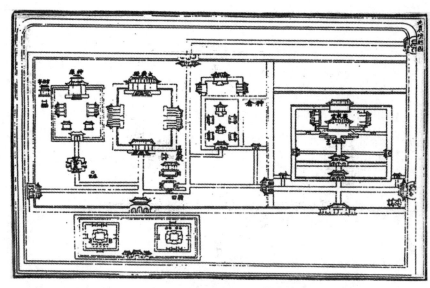

乾隆二十年（1755）改造后的庆成宫平面图　引自《乾隆会典》

二、钟鼓楼建筑的形成与发展

先秦时期钟与鼓已经被广泛应用于宗庙祭祀、宫室宴享等各种场合。《论语》中写到："子曰：礼云礼云，玉帛云乎哉？乐云乐云，钟鼓云乎哉？"秦咸阳宫的记载中见到"钟虡"二字，这是一种悬钟的格架，上有猛兽装饰，表明此时在咸阳宫中已经设置钟鼓，但是鼓的设置方式并不明确。东汉时期，在城市中已经使用钟和鼓报时，以钟声作为城门关闭和实行宵禁的信号，以鼓声作为城门开启和开始活动的信号。东汉蔡邕《独断》记载："鼓以动众，钟以止众。夜漏尽，鼓鸣即起；昼漏尽，钟鸣则息也。"此时没有关于"钟楼"或"鼓楼"的记载，我们可以从东汉时期的画像砖或壁画中找到与其功能相似的建筑设施。北魏洛阳城内曾有城市钟鼓楼，这种钟鼓楼不是两栋单独的建筑，而是钟和鼓设置在一栋楼中。隋唐之前，宫殿内只使用钟和鼓或单独设置钟楼或鼓楼。

隋唐时，出现了钟鼓楼对称设置的布局。唐杜宝《大唐宝记》记载："（乾阳）殿庭东南西南各有重楼，一悬钟，一悬鼓，刻漏即在楼下，随刻漏则鸣钟鼓。"但是此处没有说明钟鼓楼各自的方位，在城市中并没有出现钟鼓楼对称的布局。唐宋金的宫殿钟鼓楼都为"东鼓西钟"布局，元代沿袭了以前宫殿钟鼓楼的制度，但将其改为"东钟西鼓"，城市钟鼓楼也创新性的改为"南鼓北钟"。明清时，废止了宫殿钟鼓楼制度，城市中逐渐发展钟鼓楼对设制度。

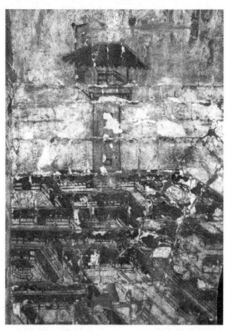

河北安平逯家庄东汉壁画墓　引自《中国出土壁画全集·河北》

三、修建山川坛钟鼓楼的原因

关于为什么修建山川坛钟鼓楼，历史文献中没有明确的文字记载。我们可以通过此时佛寺的建筑布局变化，从侧面分析这其中的原因。

在明代早期，南京城所修建的一部分佛寺就已经采用钟鼓楼对称的布局，虽然这些佛寺只占非常小的一部分，但是说明钟鼓楼对称的布局在明代早期并不是个例，已经成为佛寺布局形式中的一种。

永乐在北京建都后，北京城的建设开始有条不紊地进行，佛寺也包括其中。《钦定日下旧闻考》记载："自正统至天顺，京城内外建寺二百余区。"说明自正统时期，北京修建佛寺的数量有了快速的增长。而通过一些明确知晓年代和建制佛寺的相关资料反映，正统至成化年间，京城大量佛寺都运用了钟鼓楼对称设置的布局。而建于天顺二年（1458）的山川坛也运用了这种建筑格局，又由于佛寺和坛庙同有祭祀、参拜的功能，所以山川坛钟鼓楼的修建，可能是受到了此时佛寺建筑格局的影响。

四、庆成宫钟鼓楼改建原因

（一）钟鼓楼对设并非定制

东汉以后，佛教传入中国，佛寺广为修建，钟和鼓作为法器开始在佛寺中使用。7世纪中后期，佛寺中已经出现钟楼与经藏对置的形式，这是早期佛寺布局的重要建筑要素之一。随着建筑技术的发展和建筑形式的增多，此后在佛寺又出现了钟楼与轮藏、钟楼与观音阁、钟楼与华严阁等对称布局形式。宋代由于坊市制的取消，原本广泛用于城市报时以控制坊门开闭的鼓开始大量进入佛寺空间。虽然此时钟鼓已用于佛寺中，且钟楼在唐代已经出现在佛寺中，但鼓楼是否已经在佛寺中出现并没有记载。佛寺钟楼与鼓楼对设制度大概开始于元末明初，到明代中期才开始较为广泛的修建。

一般来说，坛庙的钟鼓楼建筑性质和功能，与佛寺的钟鼓楼基本相仿，都起到打动参拜者的诚心，引发对神灵敬意的功能。因此，建筑形制和配置也会受到佛寺的影响。可见，不管是在宫殿还是城市中，尤其是与皇家祭祀坛场最相似的佛寺中，钟楼和鼓楼对称出现不是自古就有、一脉相承的。钟鼓楼成对出现并不是定制，所以乾隆时期将庆先农坛鼓楼拆除，只留下钟楼是有惯例可依的。

（二）山川坛钟鼓楼对称格局并不常见

明代是在极度动荡的大环境下建国，汉民族渴望回归正统迫切性高涨，因此明太祖朱元璋出于国家政治利益的考虑，在大力废止元代蒙古统治者的各种不合汉法的政策措施的同时，极力恢复唐宋时期的礼仪典章，以为其彰显作为汉家天子继承天道的合法性、正统性。

山川坛斋宫建于明天顺二年（1458），根据《明实录》记载，天顺年间对于京城皇家坛庙的修建仅此一处。

洪武二年（1369），朱元璋下令为风云雷雨、岳镇海渎、城隍等天神地祇开建山川坛，在山川坛内的西南位置，按唐宋之制建造先农坛：

洪武二年春正月丁酉，建群神享祀所于南门外。中为殿五楹，南向。东西相向为庑，各七楹。西北为厨、库房，各五间。库之后为宰牲房，三间。

——《明太祖实录》卷 38

洪武九年（1376）正月，山川坛完成大规模改造，合祀天神地祇、新建殿宇、调整部分祭祀制度等，结束了洪武初制时的混乱局面：

> 洪武九年春正月庚午，建太岁、风云雷雨、岳镇海渎、钟山、京畿山川、月将、京都城隍诸神坛壝殿成。……建正殿、拜殿各八楹，东西庑二十四楹。坛西为神厨六楹、神库十一楹、井亭二、宰牲池亭一，西南建先农坛，东南建具服殿六楹。

——《明太祖实录》卷 103

明代建国之初，朱元璋建圜丘于钟山之阳，方丘于钟山之阴，实行天地分祀，后改为天地合祀。洪武六年（1373）九月，铸成大和钟，在圜丘斋宫东北建钟楼悬挂此钟：

> 洪武六年九月戊午，铸太和钟成……建楼于圜丘斋宫之东北悬之。每郊祀俟驾动则钟声作，既升坛钟声止，则众音作，礼毕升辇又击之，俟导驾乐作则止……

——《明太祖实录》卷 85

嘉靖九年（1530）时，以天地合祀不合古制为由，将天地坛改为圜丘专用于祭天，在北郊择地另建方丘专门祭地，实行天地分祀。建方泽坛于安定门外东侧，建朝日坛于朝阳门外以南，夕月坛位于阜成门外以南，嘉靖十年（1531）十月建成。

《清史稿·礼志》记述了顺治朝方泽坛建制，所谓"奠鼎"实为沿袭明代旧物：

> 世祖奠鼎燕京，建圜丘正阳门外南郊，方泽安定门外北郊，规制始拓。
> 方泽北向，周四十九丈四尺四寸，深八尺六寸，宽六尺，祭日中贮水。……宫墙周百有十丈二尺。门三，东向。东北钟楼一。

——《清史稿·礼志》志 57·礼一

关于嘉靖朝创建的朝日坛、夕月坛建筑规制《春明梦余录》卷16记载如下：

> 朝日坛，在朝阳门外，缭以垣墙。嘉靖九年建，西向，为制一成。……棂星门西门外为燎炉、瘗池，西南为具服殿，东北味神库、神厨、宰牲亭、灯库、钟楼，北为遣官房，外为天门二座。
>
> 夕月坛，在阜成门外，缭以垣墙。嘉靖九年建，东向，为制一成。……内棂星门祀，东门外为瘗池，东北为具服殿，南门外为神库，西南为宰牲亭、神厨、祭器库，北门外为钟楼、遣官房。

通过对明代天顺年之前和之后时期南京及北京修建的皇家坛庙（包括天地坛、山川坛、朝日坛、夕月坛、历代帝王庙、文庙、社稷坛、太庙）建筑规制进行对比，发现山川坛这种钟鼓楼对称出现的情况并非常见规制（在对比明代各时期、各个皇家坛庙建筑规制中未查阅到除天顺年所建山川坛钟鼓楼以外出现钟鼓楼对称布局的情况，不排除查阅资料有局限性而疏漏的情况，但就比例而言，钟鼓楼对称布局确不常见）。

（三）建筑群职能的变化

庆成宫在明天顺二年（1458）初建时作为皇帝祭祀前的斋戒之所，因此与先农坛内其他附属建筑规制相比，等级明显要高。但是山川坛斋宫自营建之后就很少有皇帝踏足这里斋宿，渐渐地斋宫由斋戒之所变成了庆贺亲耕礼成的场所：

> ……耕毕。从耕官个就班。导驾官同太常卿导引上诣斋宫。……百官序列定。致词云：亲耕礼成，礼当庆贺。
>
> ——《明会典》卷51
>
> 隆庆二年二月，上诣先农坛，祭先农之神。礼毕，诣耕田所，秉耒三推。公卿一下助耕。毕，御斋宫，赐百官宴。
>
> ——《国朝典汇》卷18

进入清代，先农坛斋宫因原有功能废弛，取而代之的是庆贺耕耤礼成的新功能［雍正九年（1731）］在紫禁城内建了一处斋宫，皇帝便

在宫中进行斋戒），乾隆二十年（1755）将先农坛斋宫改称成庆成宫：

（臣等谨按）乾隆二十年会典进呈，奉御笔将先农坛斋宫改为庆成宫。
——《日下旧闻考》卷 55

我国民间素有"晨钟暮鼓"的说法，即早晨敲钟作为一天活动开始的信号，傍晚击鼓作为入夜休息的信号。庆成宫既然在明代是山川坛斋宫，皇帝斋宿于此，早晚就都需要报时，钟鼓楼承担提醒皇帝作息的报时功能。随着建筑职能的变化，皇帝不再斋宿于此，仅有钟楼用于皇帝从紫禁城到达先农坛时提示时间的作用，鼓楼失去了它的作用，因此被拆除。

（四）规格和礼制的再确定

天坛斋宫内"太和钟"的具体用途是：皇帝在祭祀前一日斋宿斋宫，祀日，钟鸣，执事人员开始准备各项事务；皇帝起驾出斋宫，鸣钟，到达祭坛时钟声止；钟鸣同时，燔柴举火，燎工点燃燔柴炉火；钟鸣同时，礼部堂官将皇天上帝和列祖列宗神牌恭请至神亭内，"銮仪卫"校尉将神亭抬送至祭坛；祭礼结束，钟鸣皇帝起驾回宫。

地坛钟楼的具体用途是：皇帝自紫禁城到地坛祭地时，行至安定门外护城河桥头，地坛即撞击坛钟；祭祀完毕，恭送皇帝回宫则二次鸣钟。

清代在经历了从建立至雍正百年间的建设与完善，至乾隆时期政治和经济都得到了很好地发展，从而统治者有条件完善各种礼制。乾隆皇帝十分重视祭祀礼制，不管是在祭祀建筑规格、祭祀礼器这些物质方面，还是在祭祀礼仪制度这种精神方面都进行了整合和再确定，使祭祀内容更加制度化、规范化。

作为同具有祭祀功用的先农坛，建筑规制应与其他同等级的皇家坛庙保持相对一致，其坛钟的具体用途与天坛、地坛的坛钟应有相似之处，其他皇家坛庙没有修建鼓楼，所以拆除先农坛鼓楼。

五、结论

关于山川坛修建钟鼓楼及为何在乾隆年间拆除鼓楼的原因在历史文献中并没有明确记载，我们只能通过在历史文献中找寻线索，找到最可能接近合理情况的原由。综上所述，以上四点相互存在、相互支持的作用下，为了使庆先农坛建筑格局符合封建等级制度和祭祀功用，才致使鼓楼被拆除，只保留钟楼，应该是较为合理的解释。

陈媛鸣（北京古代建筑博物馆陈列保管部）

北京古代建筑博物馆文丛 第五辑 2018年

博物馆学研究

太庙色彩景观发展变迁初考

◎贾福林

色彩景观，是个新名词，一般是指一个景区范围内，其建筑色调、植物生态、环境布置，以及其范围内活动的人群的服饰等共同组成的立体，动态的具有个性差异的色彩景观系统。这个系统可以经过视觉的独特感受而加以演变和放大，满足游客对旅游观光活动的愉悦感。在充满时尚的现代，尤其是对年轻游客，"色彩景观"，具有更为重要的稀有作用和审美价值。

亚里士多德在两千多年前关于色彩的早期观点是"可见即是色彩"。而现代物理学定义的色彩是：波段范围内可见光的一种能量分布状态，它可引起人类的视觉刺激作用。在文化学家、艺术家、建筑师的眼中，色彩是表述人性情感的一种抽象语言，是共性美感中最朴实化的表述，因此研究色彩的现实意义，是掌控其所固有的感知内涵和标示功能。而在景观自然环境中，色彩是一种能够唤醒自我感觉的介质，它所具有的能量可以激发出人们最为直接和真实的心理反应，是自然界共有的标识系统，因此，"色彩"必然的成为博物馆、世界遗产园林环境中，最为有效的造势手段和氛围营造方法。对旅游者形成最直接和强力的，视觉暗示与景观感受。博物馆、世界遗产园林应在宏观上引导一个景区的景观环境建设，在微观上调节景区的景观视觉特性。

如今在北京，随时能看到斑斓的色彩，已经是司空见惯的事了。五颜六色的鲜花，多彩的建筑，斑斓的广告，时时会撞入你的眼帘，令人目不暇接。然而，一个古老的地方，它的色彩变化，却记录了历史的变迁。

598年前，永乐皇帝打造了崭新的北京城，位于天安门东侧的太庙，偕同辉煌的紫禁城，以明黄琉璃瓦的灿烂，让北京的历史进入了辉煌。

黄瓦红墙，柏树苍黛，成了这里永恒的色调。

68年前，新生的共和国，太庙辟为劳动人民文化宫。破旧的宫殿经过简单的修缮，清理了厚厚的垃圾和高高杂草。太庙展露新容：黄色跳跃，土红低沉，柏树苍黛如旧。新的文化宫，如同它的新主人：劳动人民一样朴实无华。

虽然，古代建筑师根据风水，把太庙的琉璃门增加了绿色，黄绿相间，色彩翻倍，人们喜欢地称呼为"五色琉璃门"，但没有五色。

太庙辟为文化宫，陆续种植了一些灌木，当时的概念是"绿化"，但依然少花，景观的总体色调仍然平淡而灰暗。每当节日，大型活动，红色的布景，标语、刀旗，飘动的鲜艳色彩，为节日气氛平添了许多热烈。但是，曲终人散，太庙景区又恢复了单调和平淡，这种情况几乎持续到改革开放以前。

有一个故事可以作为旁证。我的老师，著名篆刻家徐焕荣先生，1972年在文化宫东配殿参加书法活动，用真、草、隶、篆四体书写了两本《毛主席诗词三十七首》，一位日本收藏家看到后爱不释手，当即出价买走，回去仔细一看才发现没有书者名款，便托人带回中国要求作者题款。在当时特殊情况下，当时徐先生的身份不能在作品上署自己的名。由于客人坚持，经向上级请示，徐先生对太庙柏树林的印象十分深刻，于是以"柏涛"落款。可见，苍黛，是文化宫最刻骨铭心的颜色。

40年前，特别是近些年，随着改革开放的步伐，文化宫的色彩渐渐地变了。色彩的变化主要体现在花木色彩的繁多，所形成的整体景观效果和因时的变化上。

春天和夏天是花的盛会，也是色彩渲染的高峰，可是说是此起彼落，五彩缤纷。

太庙大面积新种植的花灌木，适应时节变化的草花，在明黄、土红和苍黛的单调中，形成鲜花的面纱和色彩的飘带。

黄色含笑的迎春花，白色怒放的玉兰花，罕见的白色太平花，五彩斑斓的芍药花和牡丹花，紫色如雨的藤萝花，还有玉带河，假山小湖的荷花。在黛青色掩映着黄瓦红墙中，五彩缤纷，娇艳无比，柔美而壮阔。现在的文化宫，琉璃门前，玉带桥边，后河阑珊，东区假山是五颜六色的月季花丛，满目是色彩。游人如织，尽赏美景。如今，古老的太庙，冠以"缤纷文化宫"，名不虚传。

在色彩花朵的世界里，人们最为钟爱的是"四大花魁"，这就是在文化宫最有代表性的四种花卉：玉兰、牡丹、藤萝、荷花。

玉兰之洁白怒放。太庙琉璃门前的两排玉兰树，是 1982 年 3 月 12 日由时任中华全国总工会主席的倪志福、副主席顾大椿、王崇伦等领导和市总工会主席彭思明一起栽种的。当时栽种 8 棵，30 多年的精心培育，如今已经根深叶茂。每当花开时节，千万朵洁白如玉的花朵迎着春风怒放，在前边的琉璃门，周围的柏树和雪松的映衬下，真是繁花似锦，恰如改革开放后工人阶级投身祖国建设的自信和自豪的美好情怀，太庙玉兰成为首都皇城内观赏玉兰的最佳景观之一。

牡丹之富贵鲜艳。太庙西区的牡丹园，共有牡丹 2000 余株，20 余个品种，著名的品种有洛阳红、冠世、墨玉、二乔、姚黄、豆绿等。每当花开之时，单瓣，重瓣，五颜六色。牡丹是国花，真是国色天香，其富贵的内涵，象征着改革开放后人民"富起来"的美好生活。人们徜徉期间，留下倩影，脸上充满了幸福的微笑。

藤萝之祥瑞如瀑。前区、东区、西区，都有宽大疏朗的藤萝架。多年的老藤盘根错节，曲折攀援。花开时节，在藤萝架上悬垂而下，如同鲜花的瀑布。神秘的紫色，象征着祥瑞。此时，一位少女在藤萝架下的长凳上端坐，手捧一本书静静地阅读。花香，书香，沁人心脾，简直是改革开放后人们积极向上的精神生活的最佳写照。

荷花之清远娇美。太庙戟门前的礼仪之河，如同一弯飘带，颇有神韵，所以有了好听的名字——玉带河。玉带河在明代是象征性的，河里没有水，也没有栏杆。清代乾隆年间，引来金水河水，修上汉白玉栏杆，一下子就美多了。可是，在玉带河里种荷花，还是改革开放以后的事。在玉带河边赏荷花，是一件美的心醉的事。古老的红墙黄瓦，映照蓝天的琉璃脊兽，远看端门一侧歇山墙壁鎏金的图案金光耀眼。井亭边吹来凉风习习，凭栏赏花，长河荷叶联碧，莲花立于绿伞之上，随风摇曳，或刚露尖尖角，或初开涌动暗香，或金蕊簇拥莲蓬……即使是古之爱莲如命的周敦颐也无缘享受如此的佳境啊。

看似花朵，看似色彩，这些让人擦肩而过，极易忽略的变化，却是改革开放在古老的太庙写出的新时代的妙笔。

在缤纷的色彩中，在斑斓的韵律中，还有两个太庙独有的景观。

第一个：天安门侧观盆景。

毗邻天安门东墙，是新建的盆景园。盆景是中国独有的园林造型艺术，起源于 7000 年前的河姆渡文化，形成于魏晋，成熟于唐代。陕西省乾陵唐代章怀太子李贤墓中侍女手捧盆景的壁画，唐代画家阎立本

所绘《职贡图》中手托的浅盆中立放着造型优美的山石。画面中还有人手托山石和肩扛山石，足以证实唐代盆景艺术已经成熟。盆景艺术在宋代、明代、清代继续发展。中华人民共和国成立后继续传承，改革开放后长足地发展。

文化宫的盆景，历史悠久，堪称文化宫一宝。改革开放以后，北京，乃至全国，还没有花卉盆景的展示销售的专门场所，文化宫后河，在上个世纪80年代、90年代，是当时全国花卉盆景的北京展示中心。每年都要展览半年，不仅展览，而且销售。不仅吸引着全国的花卉盆景种植专业户来展示，而且吸引的许许多多文人雅客，看成一道文化奇景。因为以前，花卉盆景曾带着"封、资、修"的帽子。天坛总工徐志长，曾经给我讲起特殊的年代，天坛拔掉月季种农作物的"奇事"。可见小小花卉盆景，也是改革开放文化复苏的象征。文化宫的盆景展在改革开放时期盆景艺术的发展中具有重要的地位。

笔者有幸在太庙上班，担任研究传统祭祀礼乐文化的工作，十分枯燥劳神。每当研读考证目疲神怠之时，常常从太庙配殿来到后河观赏盆景，曾与徐邦达先生、朱家晋先生，王世襄先生等京城许多文化大家巧遇。每年秋季，盆景展撤展，会留下许多精品花卉盆景，冬天藏入太庙西配殿西侧的花房。日积月累，文化宫就有了许多各式各样上好的盆景。如今，在天安门城楼东侧建立盆景园，把深藏温室的数百盆景精品展示出来，起伏连绵，风采各异，真是弥足珍贵啊。盆景观造型，赏花叶，这又给文化宫平添了精彩烂漫的色调。

太庙盆景文化园建于2015年，占地面积近3000平方米。巧用原有的高大松柏为环境背景，堆衬以山石，形成园林空间构架。在其中展示树桩盆景200多盆，30多个品种，有银杏、黑松、侧柏、真柏、海棠类、黄杨、蜡梅、紫藤、黄栌、石榴、鹅耳枥、白蜡、紫薇、榆树等，又分为常绿盆景、落叶盆景和观花盆景等类别，有的老桩树龄高达百年。盆景是中国文人的园林创造，"移天缩地在君怀"，体现了中华文化"天人合一"的哲学思想，其内涵的丰富性形成了厚重的观赏价值，其"师法自然"的艺术手法形成了厚重的审美价值。或苍劲或拙朴，或烂漫或娇柔，可谓千姿百态，万种风情，为太庙的色彩增添了最优美的华章。最为独特的是，从四面八方来首都游览观光人们，可能万万没有想到，在世界瞩目的雄伟的天安门城楼的东侧，竟然有一处观赏中华传统文化独特的"佳绝处"。

第二个：玉带栏杆赏金鱼。

在太庙戟门东侧，玉带桥北，重新开建的金鱼观赏景区。中国的金鱼和欧洲的热带鱼、日本的锦鲤并称"世界三大观赏鱼"。金鱼起源于野生鲫鱼，远在晋代（265—420）已有红色鲫鱼的记录。唐代的"放生池"里，开始出现红黄色鲫鱼，宋代开始出现金黄色鲫鱼，人们开始用池子养金鱼，金鱼的颜色出现白花和花斑两种，到明代金鱼搬进鱼盆。金鱼以其色彩的斑斓、优雅的姿态，成为宫廷帝后的"宠物"。在古代，除了宫廷和王府以外，普通百姓很难一睹金鱼的芳容。民国时期，金鱼才能够进入公园让百姓观赏。太庙的金鱼来源是紫禁城。中华人民共和国成立后太庙辟为文化宫后，为了让劳动人民群众观赏到金鱼，文化宫精心养殖并展览。为了养好金鱼，还特意从故宫调过来一名经验丰富的"金鱼把式"。文化宫成为北京观赏金鱼的最佳场所，久负盛名。20世纪70年代，由于种种原因，文化宫放弃了金鱼，一部分金鱼转到中山公园饲养，一部分金鱼转到"金鱼徐"的门下。如今文化宫领导为了恢复这一景观，派有经验的老师傅，远赴衡水从"金鱼徐"那儿请金鱼"回娘家"，2015年太庙金鱼的景观重现于世。还是老地方，太庙玉带河东北隅，新命名为"鱼之寓"。占地面积近500平方米，数十个柏木制成的大木海，直径5尺，高40厘米，以绿色漆涂面，三道黄色流金的铁箍，还有十六套的、大八套的灰泥瓦盆。这木海和瓦盆，完全按照古代规制制造，体现了宫廷金鱼观赏的风范。在红墙黄瓦，古柏参天的环境下，深深的历史感油然而生。因此，在这里观赏金鱼的感受是在别处无法体验的。金鱼的品种是在宫廷金鱼的基础上发展而来的，有水泡、兰畴、虎头、蝶尾、龙睛、琉金、绒球、珍珠、望天，约30余种，共计300余尾。金鱼，号称"水中之花"，五彩缤纷，色彩斑斓，在碧池青涟中缓缓游弋，又给文化宫平添了特别的色彩。

文化宫开始年年举办"赏金鱼、观盆景、逛公园"首都职工免费游览观赏活动，吸引了许多的游客。一个美丽的在现，形成太庙一道独特的缤纷风景。

太庙色彩景观的发展变化，小中见大，色彩永恒，绘美丽新景，记录着改革开放的坚定步伐。色彩从单一到复合，表现出文化宫领导干部的时尚观念，太庙景观从疏朗到多元。同时，浸透着职工辛勤劳动和智慧，世界遗产园林工匠，与时俱进，不断地谱写着坛庙世界遗产园林旅游景观的新篇章。

总之，现代博物馆、世界遗产园林景观开发，已经不限于单一的人为建筑构景，而是着眼于景观整体环境的各种因素，环境的视觉感受将是景观感知中的重要主题。游客不是简单接受色彩形态的视觉刺激，进而是环境与视知觉之间的互动体验。在旅游景观的设计中，研究和注重区域性的自然与人文景观的特征，关注原生状态色彩的视觉特性、演化规律、精神内涵等，从而提炼与确定景区的具有地域性的包容感和延续力环境基调色彩。在此基础上，结合当地民俗、服饰、建筑的色彩，使景区内建筑、植物、路径、标识、服饰、广告宣传等，其色彩的设计和搭配都遵循全局和谐局部差异的效果原则。景区内的人工痕迹与当地的自然、人文环境相融合，提升博物馆、世界遗产园林的整体环境氛围和旅游品牌形象。

由此，太庙的景观变化，尚属于一种不自觉的状态，相对世界遗产园林系统来讲，应当是有很大差距的。此文的目的，是引起博物馆、世界遗产园林管理者的关注，把不自觉的"色彩景观"，变成自觉设计和创新的"色彩景观"，使古老的博物馆和世界遗产园林，焕发出时尚的光彩，更好地发挥城市绘画师的作用，为中华文化复兴与发展，为建设美丽中国贡献力量。

贾福林（劳动人民文化宫　副研究馆员）

中华传统文化和
博物馆旅游创意策划

◎ 贾福林

2018年3月13日，国务院机构改革方案提请十三届全国人大一次会议审议。国家旅游局与文化部合并，组建文化和旅游部。合并有利于壮大文化产业，在实践中，文化与旅游两个产业的重合度越来越高，文化产业领域越来越常见的一个词就是"文旅"，文化与旅游正成为同一个产业。

一、文旅结合的新机遇

"十三五"以来，国家出台了一系列促进文旅产业发展的政策，推动了文旅产业的结合。《国务院关于加快发展旅游业的意见》提出，到2020年，我国旅游产业规模、质量、效益基本达到世界旅游强国水平；《国家"十三五"时期文化发展改革规划纲要》要求，到"十三五"末，文化产业将成为国民经济支柱型产业，旨在"为增强文化自信，统筹文化事业、文化产业发展和旅游资源开发，提高国家文化软实力和中华文化影响力，推动文化事业、文化产业和旅游业融合发展"。

博物馆是文化事业的重要组成部分。以前在博物馆中有以下两种情况。

一是博物馆观众游客的吸引问题，博物馆和旅游脱节。博物馆是历史文化的凝聚地，但是许多导游热衷将旅游团带到所谓"热点"，去听荒谬瞎编的故事，也不带团到博物馆。许多博物馆没有人气，甚至"门可罗雀"。社会教育功能无法实现，自然也缺乏经济效益。

二是博物馆文创产品提升难题。过去，博物馆的"文创"，特指旅游纪念品，而缺乏对内容极为丰富、形式多种多样的传统文化的深入挖掘，更缺乏进行大型活动的创意策划，形成不了吸引旅游的大手笔。

现在，这两个问题可以很好、很快地解决了。

1.文化与旅游部门的合并，为文创产品交流学习提升创造条件和机遇

博物馆的文创资源和文化旅游部门的大量需求相结合，必然激发出无数新的创意，从而使文创产品在质量上、艺术上提升，数量上攀升。故宫博物院成功经验的复制和推广，一定会使我国旅游文创产业大大提升。

故宫博物院文创产品形成系列，堪称国内文创标杆。正如故宫博物院院长单霁翔所说："优秀传统文化是人类文明发展进步的精神力量，而通过开发与人民生活密切相关的文创产品，能够让优秀的非遗文化走进寻常百姓的生活，使其得到更好的传承。"对于传统文化来讲，通过现代化的载体进入人们的生活，更能够起到传承和影响作用。去年，故宫博物院开发了上万件文创产品，故宫文创产品创意新颖，形态各异，色彩丰富。依托各类传统文化大"IP"，深入挖掘文物藏品，把创意和生活相结合，所创造的琳琅满目的文创产品迅速成为当下潮流。小到书签、钥匙扣、茶杯，大到箱包，设计创意既有古代服饰造型，还有皇帝的御批，古人"二次元"化的形象也多有体现，现代与传统，两者并不冲突。近年来，随着文创产业的发展，越来越多的人愿意"买账"。在他们看来，一件普通的生活用品结合创意元素后，往往带来了不同以往的使用体验。具有传统元素的生活用品，得到以年轻人为主的广大购买者的青睐和热情。现场热卖，网店上"售罄"，已经成为常态。

可以预期，全国的博物馆和旅游景观，文创产品在质量、数量和艺术上都会大大提升，其文化和经济效益极其可观，在数据的统计上，将会出现令人欣喜甚至震惊的新局面。

2.文化与旅游部门的合并，奠定了有力的行政组织基础

大型项目既是文化项目也是旅游项目，有利于解决文化事业内活力不足的问题。很多建设的博物馆，没有自我生存能力，靠政府拨款勉强生存，无法实现习近平主席倡导的让文物"活起来"的状态。博物馆和旅游结合，既能利用旅游壮大文化产业，也能强化旅游中的文化体验和产业属性。

3.文化与旅游部门的合并，形成了传统文化创意策化的广阔空间和舞台

国家文旅部成立后，它们既有文化事业的目标，也有产业目标，两个领域可以联合行动。在行政机构上实现博物馆与旅游的融合，文化

部的文化事业和产业功能，文物局管理着的旅游潜力的文物保护单位和文化遗产，与旅游密切结合，促进协调管理、战略规划、资源互补、人才利用、延长产业链等，有利于增强战略规划和实施大项目的整体性。各种大型文旅项目将有归口业务指导单位，中央、省级各种补贴会纷至沓来。

4.通过文化创意和策划，文旅项目将成为中华文化走出去的一个有效载体

中华文化如何走出去？用什么样的形式才是走出去？需要进行文化创意和策划。文化需要载体，而载体可以有多样，传统文化就是具有中华文化特征的文化载体，因而是创意和策划的主体。

如何进行传统文化的创意和策划？本文将进行详细的论述。

二、传统文化概说

中国传统文化是中国古代数千年以农耕社会为主的，先民所创造的一切物质和精神文明的总和。文，是指文明，和野蛮相对；化，是对社会和人群的影响，由此而推动社会的和谐和经济的进步。

中国传统文化不仅存在于古代社会，而且具有强大的生命力，通过世世代代的传承和扬弃，活在现代社会当中，影响着每个人，直至永远，是中华民族繁衍发展的强大动力。

中国传统文化是中华民族区别于世界上其他民族的特性，是中华民族的凝聚力的所在，是中华民族的历史从未中断的原因所在，是中华民族对人类文明的发展做出巨大的贡献的所在，是中华民族自立于世界民族之林的所在，是我们每个中国人的精神动力和骄傲所在。

中国传统文化大体可以分为两大类：

一是主流文化，亦可称之为官方文化。

二是民间文化，亦可称之为民俗文化。

三、传统文化和旅游创意策划的
关系和二者结合的历史机遇

中国传统文化具有两个特点：

1.中国传统文化，博大精深，是旅游文化创意和策划取之不尽、用

之不竭的源泉。

2. 越是民族的越是世界的，随着中国的强大和繁荣，中国传统文化将以独具的魅力自立于世界之林，逐步成为影响地球的主流文化之一。

以前，以欧洲文化和美国文化为主体的西方文化是世界的主流文化。上个世纪，西方的哲人曾经预言：21世纪是东方文化的世纪。现在这个预言正在逐步地变为现实。

传统文化和旅游创意策划结合，可以达到两个效果：

1. 传承文化。即中华传统的文化从我们这个时代开始，得到了前所未有的保护、继承和弘扬，这可以说是社会效益。

2. 创造财富。即中华传统的文化，不仅引导我们的思想，陶冶我们的情操，带来审美的愉悦，而且可以成为产业，创造巨大的社会财富。

英国人用英语赚我们的钱，美国人用大片和米老鼠赚我们的钱，而我们，要用传统文化赚世界的钱。

特别指出的是：

现在中国传统文化形成产业具有两大优势：

一是中央决定发展文化创意产业。

二是中央高度重视传统文化的弘扬。

全面复兴中华优秀传统文化。近年来，从政府到民间，我国对于传统文化的关注度不断攀升，对于"文化自信"的认同也越来越深入。近日，中共中央办公厅、国务院办公厅印发了《关于实施中华优秀传统文化传承与发展工程的意见》（以下简称《意见》），吹响了弘扬传统文化的新号角。

文件指出：文化是民族的血脉，是人民的精神家园，文化自信是更基本、更深层、更持久的力量。中华文化独一无二的理念、智慧、气度、神韵，增添了中国人民和中华民族内心深处的自信和自豪。为建设社会主义文化强国，增强国家文化软实力，实现中华民族伟大复兴的中国梦。

提出了"重要意义及总体目标""基本原则"和"保障措施"，并对实施中华优秀传统文化传承发展工程提出七大重点任务。"深入阐发文化精髓""贯穿国民教育始终""保护传承文化遗产""滋养文艺创作""融入生产生活""加大宣传教育力度""推动中外文化交流互鉴"。这些十分明确的任务，都和旅游的创意紧密相连。

何为中华优秀传统文化？中华民族在5000年的文明发展进程中，创造了博大精深、源远流长的中华文化。提起传统文化，我们想到是诗词歌赋、《四书五经》、京剧相声……这些都是传统文化的具体表现形式，妇孺皆知。但若是让我们来回答到底何为中华优秀的传统文化，在《意见》出台之前，的确很难给它下个准确的定义。在近日出台的《意见》中明确将中华优秀传统文化分为三大类：即核心思想理念、中华传统美德、中华人文精神。

核心思想理念指的是：讲仁爱、重民本、守诚信、崇正义、尚和合、求大同等。基本思想理念指的是：革故鼎新、与时俱进的思想，脚踏实地、实事求是的思想，惠民利民、安民富民的思想，道法自然、天人合一的思想等。中华传统美德享誉世界、代代相传，指的是自强不息、敬业乐群、扶危济困、见义勇为、孝老爱亲等。中华人文精神指的是求同存异、和而不同的处世方法，文以载道、以文化人的教化思想，形神兼备、情景交融的美学追求，俭约自守、中和泰和的生活理念等。中华优秀传统文化积淀着多样、珍贵的精神财富。

当下中华传统文化传承优势条件。近年来，中华文化正在神州大地焕发生机。十八大以来，中华文化日益受到党和国家的重视，文化自信也成为整个国家的热词，它被视为"最基本、最深层、最持久的力量"。

如何继承和发扬传统文化

1. 将传统文化贯穿博物馆工作的始终

大力开展和推进学习古典文化的系列活动。

2. 努力保护传承国家文化遗产

积极开展"我们的节日"主题活动，实施中国传统节日振兴工程，丰富春节、元宵、清明、端午、七夕、中秋、重阳等传统节日庆祝形式和内涵，形成新的节日习俗，绝不能再出现其他国家抢注本属于我国的国际非遗保护项目类似情况。

总之，地球变小了，中国离世界越来越近，中国传统文化正在前所未有的迅速的走向世界，并影响世界。例如：北京顺义的"龙王"王玉玺和杨华夫妇，被美国俄亥俄州威滕伯格大学邀请，讲授中国舞龙、秧歌等民间舞蹈，受到特别热烈的欢迎和礼遇，这个大学当时就成立了一个洋舞龙队，美国人民对中华传统文化的热情令人意想不到，非常感动。这个例子可以举一反三，说明外国对中国传统文化的尊重和热爱，已经成为了一种普遍现象和国际化的潮流。

又如：在中法建交五十周年之际，天坛神乐署雅乐团应邀赴法国丽芙城堡演出了"天坛神乐之旅——中国宫廷音乐会"，将中国悠久的礼乐文化带进法国，这是天坛礼乐文化首次走出国门。

　　中国天坛和法国丽芙城堡建于相同的历史时期，且都被联合国教科文组织列为世界文化遗产。前来观看演出的中国驻法国大使翟隽在致辞中说："音乐是流动的建筑，建筑是凝固的音乐。在古老的欧洲城堡演奏具有六百年历史的中国神乐，既是一次音乐和建筑的碰撞，也是一场中法文化的对话。"为了达到最佳的演出效果，从中国空运来建鼓、编钟、编磬、琴、瑟等传统乐器和舞台道具，总重量高达3.8吨。20余位音乐家演出了10首明清祭祀和宫廷的代表乐曲。五音齐备，八音和谐，金声玉振，琴瑟和鸣。庄重典雅的音乐配合祭天礼仪和乐舞表演，中法双语解说，屏幕上的图文演示。演员们身着古代宫廷服饰，在法国中世纪城堡庭院中，展现了中国古代祭天的场面，让法国观众感受到中国古代礼乐文化的魅力。

　　天坛神乐署雅乐团演出了四场"天坛神乐之旅——中国宫廷音乐会"，曲目均依据史料记载恢复而成，这是被历代尊崇为"华夏正声"的中国雅乐首次走出国门。这来自历史深处的声音，曾经绝响百余年，步入新时代，古乐"新生"之旅，历经20余载。而今，在天坛公园神乐署，一群年轻人，向世人展示着德音雅乐的古典魅力，传承源远流长的中华礼乐文明。

　　为了使法国观众能够理解中国古乐，乐团特别用中国传统乐器演奏了《玫瑰人生》等法国乐曲。天坛礼乐的演出，典礼中的部分仪式与法国宫廷中的仪式有相似之处，使法国观众领略中国礼乐文化多了一些亲切感。

　　所以，中国文化走向世界，一带一路的逐步形成，现在正是中国传统文化旅游创意策划的大好机遇，也是我们创意策划人的大好机遇。

四、传统文化和旅游创意和策划

（一）什么是创意策划

　　什么是文化创意？创意就是灵感。

　　什么是文化策划？策划就是整合。

　　文化旅游创意，就是在深广的传统文化的基础之上，以艺术想象和经济效益的互动、撞击，激发出灵感，从而产生一个旅游新的点子。

文化旅游策划，就是以创意的旅游新点子为核心，结合各种有效的实现创意的方法，进行整合和排列，其成果的表现就是写出完整的可执行的策划方案。

创意和策划的过程中，请注意：

创意和策划有两种形态：一是全新的，二是翻新的。

全新的，以前从来没有的，创出一种新的品种，是内在本质的创新，难度较大。

翻新的，旧瓶装新酒，是外在形式的变换，相对容易。如祖宾·梅塔和张艺谋的太庙实景歌剧《图兰多》，格局是老的，场景是新的。张艺谋音像系列的《印象丽江》《印象西湖》，第一个《印象刘三姐》是全新，以后就是翻新了。再有民俗的庙会，现在的庙会名叫庙会，是旧瓶，但实际的内容已经大变了。

这两种形态都是创新，而且大量的是后者。我们一开始进行创意和策划，不妨先从翻新开始，有了丰厚的积累，就会激发全新的创意。

最新的创新。结合传统文化和非遗项目的挖掘，然后经过创意形成独一无二的特色，这样才能不吃别人嚼过的馍，形成有生命力和竞争力的成功案例。

在各种传统文化的元素中，大家要关注祭祀文化。

在过去的年代，祭祀被看成是封建迷信的东西，予以否定，现在看来是不科学的，应当重新认识和重新评价，从而拂去尘土，继承其文化精华，经过文化创意，继承和创新，为崭新的时代服务。

1. 祭祀是古代文化的核心内容，这是由于当时的生产力水平所决定的

过去被否定和忽视，而其中蕴含着古代传统文化的大量基因。今天我们传承古代文化，不能回避祭祀，相反，可以抓住本质，读懂其文化的内涵。例如，如果不了解战国楚地对鬼神的崇拜和繁复的祭祀，就无法读懂屈原的楚辞，恰当地继承传统文化的精髓。

2. 许多传统艺术和传统习俗都和祭祀有关

如舞蹈的"舞"字，是表演者戴着面具、手持牛尾跳舞的形状，用来娱神的动态形状，下面是两只脚，表示舞蹈的舞步。

又如民间花会中的重要品种舞龙，就是龙神的崇拜，是祈求雨水，保证农作物的丰收。

再如蒙古族敬酒，要先用手指蘸酒，向上空、向地下、向中间弹，意思是先敬天，再敬地，后敬人，因此，祭祀的本质是人类高级的审美活动。

3.祭祀的核心内涵是祈福，表达人们对美好生活的理想和愿望，这是全人类共通的，是超越时空的人类共通情感。

因此不仅是本民族的崇高的精神活动，而且也是凝聚海外华人的力量，是和世界其他民族沟通的桥梁，可以说是具有大文化的战略地位。

这不是复古，而是寻找民族文化的根，是传承，是推陈出新，在创意文化的同时创造财富。

我国的旅游文化产业总量继续扩大，国家财政对文化事业的投入继续增加，文化产业进入快速发展期。同时，蓬勃发展的中国企业也日益重视文化牌，加强企业文化的建设和社会文化项目的赞助。

（二）时代呼唤我们去探索，去拼搏，去创造

文旅结合，使博物馆人获得更大的创意和展示空间，这实际上是一种传播、传承，不仅吸引了大批的游客，而且使博物馆的社会教育功能得到极大的释放和实现。

例如：曾侯乙编钟，今年恰值出世 40 年。当年编钟刚一出土，所有保护都建立在对编钟音乐功能的充分研究之上，复制一直伴随着对青铜铸造工艺的研究。到博物馆观看两千年前的乐器演奏古曲，观众非常欢迎。年用"演奏"加"科学报告"这种"动态"与"静态"的结合形式，展示了春秋战国时代的编钟及其工艺，首创开了先河。如今湖北省博物馆已经拥有专门的编钟演奏厅和一支专业的编钟乐团，以曾侯乙墓出土乐器为基础，创造出一台古乐器演奏会，每天吸引海内外观众排长队入场观看，平均每天演出三四场，一年至少上千场，几乎场场都满座。

这是博物馆研究和社会教育功能的真正体现，通过对文物内涵的充分开掘、辅以专业的工业设计，最终以艺术品的形式呈现给大众，这也是真正意义上的让文物活起来。成功复制的编钟以展览、展演等多种艺术交流形式，多次参与对外文化交流，为弘扬民族优秀文化做出了特殊贡献。外国观众对编钟的十分欣赏、喜爱和赞叹，美国著名慈善家肯尼斯·贝林观看演出后，立即被编钟所震撼，请求复制一套运往美国，作为在美国揭幕的一家博物馆"最大的亮点"。

又如：2018年2月1日至2018年5月6日，中国人民对外友好协会、中国文物交流中心支持成都博物馆联合阿富汗国家博物馆举办了"文明的回响：来自阿富汗的古代珍宝"展，重视阿富汗的历史文化反映的文明交流。同一展览在故宫博物院展览时，名为"浴火重光"，关注文物

劫后重生之不易。到敦煌展览时，名为"丝路秘宝"，侧重阿富汗在丝绸之路上的重要作用。总之是从人类文明发展的高度和广度来审视阿富汗的古代文物，观众通过的每一件文物了解山川秀丽、景色迷人的美丽中国，在世界旅游业发展中具有重要的引领作用。

文化和旅游密不可分。文化是旅游发展的灵魂，旅游是文化发展的平台。旅游产品的竞争力最终体现为文化的竞争，只有把旅游与文化紧密结合起来，这样的旅游产品才会有强大的生命力。反之，文化产业的发展也要借助旅游业的发展作为平台，只有不断加快旅游业的发展步伐，我国博大精深的民族文化才能得到充分的挖掘利用，更多地让世界熟悉和了解。

首都北京是中国五千年传统礼乐文化的凝聚地，具有皇家宫殿坛庙等丰富厚重的资源，多年来已经进行了再现礼乐文化的众多努力，取得了很大的成果，但是离完全重建、申报世界非物质文化遗产还有很大的距离。文化和旅游的结合，为这项工作展现了机遇，增添了动力。笔者曾多次建议北京皇家宫殿坛庙统一申报非遗，这一工作的意义，远远在于此。礼乐文化的重建，将是中华文化复兴的标志。因此，首都宫殿坛庙管理单位，负有重大历史责任。充分利用文博和旅游结合的优势，知行合一，努力完成这一历史使命。

文化和旅游的结合，传统文化的创意策划，有利于将博物馆文物艺术品变为旅游产品，实现习近平在巴黎联合国教科文组织总部发表演讲时所说，中国人民在实现中国梦的进程中，将按照时代的新进步，推动中华文明创造性转化和创新性发展，激活其生命力，把跨越时空、超越国度、富有永恒魅力、具有当代价值的文化精神弘扬起来，让收藏在博物馆里的文物、陈列在广阔大地上的遗产、书写在古籍里的文字都活起来，让中华文明同世界各国人民创造的丰富多彩的文明一道，为人类提供正确的精神指引和强大的精神动力。

文化和旅游的结合，传统文化的创意策划，促进博物馆的文物"活起来"，"人气儿"多了，促进博物馆的各项功能更好地发挥，能让更多的文化产品走出国门，走向世界，推动中华民族文化大繁荣大发展，有效地提升我国的文化软实力，更好地建设中华民族的文化强国。

贾福林（劳动人民文化宫　副研究馆员）

极具发展前景的企业博物馆

◎李学军

博物馆是一个国家、一个城市的文化符号，记录并标志着文明发展的过程和水平，能够使公众了解不同时代、不同地区、不同民族的历史、文化和艺术，见证历史、以史鉴今、启迪后人。现代城市中的博物馆具有鲜明的文化特色，塑造并代表着城市的文化形象。博物馆担负着为国家和社会保护人类历史文化遗产的重要使命，它利用自身藏品资源的优势，在开展社会历史文化教育、普及科学知识方面发挥着重要作用。

近年来，在市委、市政府的大力支持下，北京的博物馆事业取得了前所未有的发展。截止目前，北京地区共有注册博物馆179家，其中正常开放的158家。从宏观管理体系看，现有博物馆可分为文化文物系统内与系统外两大类。近年来伴随着社会经济的发展，方兴未艾的企业博物馆已日益成为文化文物系统外博物馆的新生力量，获得了前所未有的发展。

企业博物馆的定义最早是由英国学者 Victor J. Danilov 在 1992 年的《Corporate Museum and Exhibit Halls》一书中给出的：企业为了自身历史的保存与传承设立的展览场所，并借此提升员工对企业的归属意识并以身为其中的一员而感到骄傲；提供访客或客户了解展示企业生产的产品与服务等资讯的展示空间，同时兼具宣传企业的经营理念、产品特点、收藏或产品；为增加影响和舆论对企业技术和生产科技的了解，或为企业所在地的社区居民提供交流及获得文化、教育服务的场所，附带有一定游览功能的设施空间。

在我国，企业博物馆通常被定义为由企业兴建、反映企业发展的历史，陈列、研究、保藏企业物质文化与精神文化的实物及自然标本的社会机构。企业博物馆已成为各行业企业收藏、研究、展示自身发展历史和企业文化的主要阵地和宣传窗口，并日益成为整个社会文明进程的见证和中华文化遗产的重要组成部分，更是阐释企业文化最直接、最有效的方式与途径。

一、我市企业博物馆发展状况

企业博物馆作为企业文化建设的重要载体，近些年在国内蓬勃兴起，在北京地区也已经具有相当规模。众多的企业博物馆在记录企业历史、展示企业形象、传承企业精神、宣传企业文化、凝聚企业人心等方面起到了良好的作用。据北京企业文博协会的不完全统计，目前北京地区的企业博物馆约50家，其中已在我市正式备案注册的博物馆有20余家，包括中华航天博物馆、中国印刷博物馆、中国工艺美术博物馆、中国钱币博物馆、中国电信博物馆、中国印钞造币博物馆、中国铁道博物馆、中国邮政邮票博物馆、中国化工博物馆、中国民航博物馆、保利艺术博物馆、北京工艺美术博物馆、北京自来水博物馆、北京通信电信博物馆、北京汽车博物馆、盛锡福博物馆等，其中大部分是近年来涌现的，虽然从总体上看数量还不是很大，但在一定程度上代表了今后博物馆的发展趋势。

博物馆是企业最具特点的文化窗口，企业通过准确定位发掘自身的品牌文化和精神价值，自信地展示自己是企业博物馆的核心宗旨。在北京地区，目前自主拥有博物馆的企业多为大型国企或者传统老字号，如中国电信集团公司、中国化工集团公司、中国铁道建筑总公司、中国印钞造币总公司、中国联通北京分公司、中国民航、中国邮政、北京工美集团有限责任公司、市自来水集团、全聚德集团、同仁堂集团、盛锡福帽业有限责任公司等都建有博物馆。与综合博物馆相比，企业博物馆更具专业特色，大多围绕企业历史及其蕴含的专业知识设计展陈内容，同时收藏展示大量的实物与资料，其中许多具有重要的历史文物价值。

二、企业博物馆的社会功能

1. 企业博物馆是展示企业历史文化、宣传企业品牌与教育激励员工的重要方式

企业建设博物馆的初衷无疑是要记录企业历史发展进程，树立企业形象，提升产品知名度，教育员工形成凝聚力，而伴随着企业博物馆功能的不断提升与扩展，最终发展成为全方位阐释企业文化的重要方

式。企业文化是指企业在市场经济的实践中逐步形成的、为全体员工所认同遵守并带有本企业特色的价值观念，是经营准则、经营作风、品牌价值、企业精神、道德规范、发展目标的总和。通过博物馆的工作将企业多年积累形成的文化观念、历史传统、共同价值观念、道德规范、行为准则上升为企业文化，再通过展览展示手段潜移默化地教育影响企业员工，使员工逐步树立敬业、乐业精神，以达到教育激励员工、提升队伍素质与凝聚力的目的，并促使经营者不断拓宽思路，提升企业整体品位。同时博物馆围绕企业的历史发展和主营业务，根据企业不同时期的文化特色开展宣传，使得企业的声音得到了充分张扬，达到了企业融入社会、让社会了解和认知企业、增强市场竞争力的目的，由此企业博物馆就成为一个重要的宣传载体，为企业发展做出贡献。博物馆是一种文化行为，企业与文化的结合实现了发展与品位的双赢，文化能够影响企业，文化内涵更能影响企业员工。

2. 企业博物馆是促进现代企业营销的重要手段

企业是需要通过营销手段来谋求最大利益的。企业博物馆可以充分发挥广告平台作用，成为促进现代企业营销的有效手段。当代市场竞争的关键不在于企业能生产什么样的产品，而在于企业能赢得多少公众。如果企业只注重有形产品本身，而不注重企业形象宣传，就会逐渐失去公众群。所以现代企业都非常重视广告宣传的作用，而企业博物馆则是众多广告形式中最为独特的方式，它可以更好地树立形象、刺激需求、扩大销售、提升品位，在打造品牌形象方面发挥重要的作用。良好的企业品牌形象有利于扩展销售渠道，增强企业的销售业绩。企业博物馆宣传了企业的实力和能力，拉近了企业与公众的距离，与公众有了双向的亲密接触与互动，无形中为企业营销拓展了渠道。

3. 企业博物馆是开展科普教育和弘扬爱国主义精神的重要课堂

企业博物馆具有很强的社会教育功能。在科普教育方面，企业博物馆通过对科学技术原理、高新科技成果、创新产品品牌的展示来提高国民的科技知识水平，增强公众对企业的认知和社会责任感。企业博物馆可以形象地展示某一产品的生产工艺流程与科技成果应用，展示某一工艺技术的历史渊源及其发展演变的过程；可以展现某一产品甚至某一行业赖以生存的社会环境及其发展变化，从而增强人们对科学技术发展的了解，对自然规律的了解；可以为观众提供互动的场所和环境，为青年学生提供社会实践的场所和课堂。企业博物馆集知识性、互动性、趣味性于一体，激发社会公众的求知欲和学习乐趣，满足观众对知识的渴望与需求，实现交流沟通、教育互动、传递信息、旅游休闲等多元性功能效果。

在弘扬爱国主义精神方面，许多企业本身就是近现代民族工业发展历史的缩影，反映着民族工业的艰辛历程；有的企业是国家某个特殊历史时期或发展阶段的产物，因而成为该时期的性标志符号；有的企业则体现并代表着某种时代精神，并为人们所熟知。这样的企业博物馆，其展示的内容不仅对本企业员工起到教育和启发作用，而且能够在更高的层面上发挥社会教育功能，弘扬爱国主义精神的时代主题。

4. 企业博物馆是传承中华优秀传统技艺与文化的重要载体

但凡是历史悠久的企业，一般都因为其传承或创造了某些特有的技术工艺而长盛不衰，这些特有的技术工艺不仅仅属于某个企业，也是全社会的宝贵财富，需要永久地保护传承与发扬光大；一些企业曾经创造并形成了大量具有历史价值的物质文化与知名品牌，如不同时期的产品、工具、机械、建筑等；一些企业在多年的发展实践中逐步形成了富有特色的行业精神和经营理念，体现了企业的社会责任感；企业在不同历史时期和不同的科技生产条件下，会形成不同的生产经营场景与模式，这也将成为宝贵的人类记忆与精神遗产。这些企业本身就具有丰富的历史文化内涵，企业博物馆可以生动地再现这些宝贵的历史文化与精神财富，使其长久地传承下去。尤其是某些企业不仅传承了本企业的历史记忆，还保存体现了企业所处行业领域相关的传统文化和精神遗产，在保护传承优秀传统文化方面发挥着更大的社会作用。

5. 企业博物馆是社会公众学习、参观、游览、休闲的重要场所

企业博物馆可以在作为学习场所的同时，提供旅游休闲服务，愉悦观者身心。企业博物馆可以发展整体工业遗产旅游的方式，将企业生产、展览展示、体验互动、文创销售、餐饮服务与自然环境融为一体，以期形成产业旅游和遗产旅游相结合的良好方式。企业博物馆还可以通过联合开辟行业企业旅游线路的方式来吸引参观者，从而征取经济利益。参观者则在了解历史文化、学习科普知识、享受休闲服务、购买文创商品的同时，游览了自然风光与历史遗迹，达到愉悦精神的目的。

三、企业博物馆的社会价值及发展优势

1. 企业博物馆具有独特的文化属性

企业博物馆作为综合性博物馆的良好补充，其展示内容大多侧重于某一行业领域的知识，侧重于反映企业的历史及所代表的科技水平，追溯其产生与初始的状态及其发展变革历程，它不仅是企业成长的记录载体，更是企业传承后世的宝贵财富，是企业文化与营销的重要组成部分，是代表企业文化的窗口。成功的企业博物馆不但能够传播企业文化，提升企业品牌的软实力，正确的营销策略还能为企业增加创收并保障博物馆的资金供给。

进入新世纪以来，伴随着社会经济的飞速发展，我国的企业在做大做强的道路上取得了长足进展，极大改变了世界大企业的国别版图，北京已为当之无愧的世界 500 强企业全球最大的总部基地。企业文化是品牌的精髓，企业的发展离不开自身文化形象的塑造，任何优秀的品牌，都包含着传统或时代文化的元素。中国企业要做好自己的品牌，不仅要重视现代文化因素，更要吸收传统文化的精髓，将文化元素和商业元素有机结合，让产品植入更多的中华文化元素与基因，让品牌更具中国气质。在这其中，企业博物馆将发挥不可替代的作用，并通过展示企业历史文化，对员工进行优秀传统教育；通过展示企业产品和产业优势，增强公众对企业品牌的认同；通过展示行业高新科技知识，开展科普教育；通过为观众提供工业文化体验，开拓旅游休闲文化市场。

可以预见，随着社会经济的不断发展，今后每个企业或行业都可能拥有自己的博物馆，以此树立企业形象，打造行业品牌，塑造企业文化，传播企业精神。

2. 企业博物馆体现了博物馆兴办主体多元化的发展趋势

北京地区博物馆的兴办主体以前通常是各级政府及文化文物主管部门，使用的往往是财政经费。由于纯政府投入的局限，博物馆的建设发展往往受到一定程度的制约，且在博物馆的门类及展示内容上常局限于综合历史类，较为单一。随着全社会对文化建设的关注，社会各行业积极加入到博物馆事业中来，尤其是 20 世纪 90 年代，出现了全社会各行各业兴办博物馆的热潮，办馆主体呈现多元化趋势，先后有印刷、电信、邮政、铁路、航空、航天、自来水、工美、汽车等 10 余个行业企业兴办博物馆，行业企业博物馆迅速发展起来。办馆主体的多元化极大地丰富了博物馆的展示内容，且由于企业博物馆的运营模式不拘传统、颇多创新，在很大程度上丰富了博物馆事业的工作实践。办馆主体从一元化走向多元化，从政府主办到社会兴办，从单一行业到行行争办，这也是北京博物馆事业新发展的重要标志之一。

3. 企业博物馆具有自主灵活的发展优势

企业创办博物馆，顺应了社会发展的需要，更顺应了企业发展的需要。一方面，企业之所以创办博物馆，正是感到需要这样一个文化机构来传承企业文化，助力企业可持续发展，展示企业所创造的财富和价值，并以此与社会沟通，拉进企业与社会的距离，寻求公众对企业行为的认同，同时良好的社会环境也为企业创办博物馆并开展藏品征集与研究提供了有利条件；另一方面，与传统博物馆相比，企业博物馆在经费来源和使用上更具稳定性与灵活性，内部运行机制及人员管理上更具自主性，高新技术运用上更具时代性，文化产品开发上更具市场性，展示内容上更具独特性，且表现题材与公众的日常生活密切相关。

因此，企业举办博物馆更具专业性与可行性。一是企业可准确把握展示内容的历史脉络、科技背景与文化特色；二是藏品与场地可自行解决，特别是代表性物证更易获得；三是展览主题较为集中，能够满足公众多元化的参观需求；四是企业可以在承担社会责任的同时推广品牌文化，着力展示企业产品与社会生活的关系。

四、企业博物馆存在的不足与发展建议

企业博物馆在蓬勃发展的同进，也存在着许多问题与不足。在专业人才方面，企业博物馆在机构配置上很少设有专职的博物馆工作者，尤其缺乏讲解服务、藏品保管、修复鉴定、展览策划、文创经营、学术研究、科普宣传等方面的文博专业人才，在很大程度上影响了企业博物馆的专业性与业务水平；在展览展示方面，企业博物馆较少运用现代科技等展示手段，展览方式单向多、互动少，展览物品静态多、动态少，展览形态模拟多、真实少，从而缺少参观的愉悦性，影响了观众的积极性；在管理运营方面，由于缺乏对博物馆学的专业知识，与博物馆行业主管部门沟通不够，企业博物馆往往不能按照文博行业的工作标准与运营模式来管理博物馆的开放接待、公众服务以及展览、藏品、社教等专业性工作，主观随意性较强，没有遵从博物馆工作的客观规律，因而影响了博物馆的整体运营与科学管理。

从宏观管理者的角度看，企业博物馆应从以下几个方面进一步完善自身建设：

1. 明确宗旨准确定位

企业博物馆的生命力在于它反映了不同企业自成一体的发展脉络与文化特色。目前一些企业博物馆定位不准，表现出较强的功利性，将博物馆办成展销馆或企业荣誉室，从而失去了真正的意义，如何定位、为谁服务的问题关系到企业博物馆的稳定持续发展。从可持续性上讲，企业博物馆承载历史、服务社会的职能必须得到高度重视与强化。企业要根据自身实际，准确把握博物馆的发展方向，充分体现企业产品及文化特色，充分发挥社会功能，积极有效地服务社会。

2. 突出历史文化内涵

企业博物馆的发生发展是企业资本与文化积累到一定阶段的产物，是企业成就与文化的展示平台。借助这一平台充分反映展示企业的历史与文化，对内可以激励员工、凝聚人心、培养文化认同，对外则是树立企业品牌与文化形象的窗口。企业博物馆作为提升企业形象的重要工具、树立企业品牌的重要平台，应充分认清自身的性质和价值，深入挖掘、突出反映经历数十年甚至上百年发展历程而逐步积累的企业文化与内涵，才能办出特色、办出水平。

3. 创新思路科学运营

目前部分企业博物馆过于追求展品的数量、质量和价值，而很少关注参观者的兴趣、感受、体验及互动，展览内容静态多动态少，展示手段说教多互动少。鉴于企业博物馆的特性，其运作要规避传统博物馆的弊病与做法，在展览展品和展陈方式的选择、展示空间与高新科技的利用等方面不断创新，根据企业特点增加互动内容，拉近与公众间的距离，并利用自身资源开发特色文创产品，为博物馆的科学运营探索出路。

应当看到，现代的企业博物馆发挥着传承企业文化，弘扬企业精神，激发职工荣誉感、自豪感，展示企业辉煌成就，宣传推介企业产品，收藏保护国家文化遗产的社会功能。目前，北京地区博物馆正在实现从数量扩张型向质量效益型的转变，行业宏观管理部门正在研究制定有针对性的发展扶植政策。近两年，国家已对非国有博物馆的发展出台

了扶植政策，北京市也已着手研究区县、院校及乡村社区博物馆的针对性扶植政策。随着企业博物馆的迅猛发展，此类博物馆也必将得到国家的重视与支持，获得更大的发展空间。

面对新时代的到来，作为首都文博行业的重要组成部分，企业博物馆的主办者应进一步明确认识博物馆工作者的使命与责任，主动承担传承历史文明、弘扬先进文化的重要使命，切实履行服务大众、满足人们文化需求的基本职责，大力弘扬锐意改革、勇于创新的进取精神，充分发挥促进文化交流、推动文化走出去的独特作用，为首都文博事业的发展繁荣做出更大贡献。

李学军（北京市文物局博物馆处　处级调研员）

北京古代建筑博物馆科技课程开发与实践

◎李莹

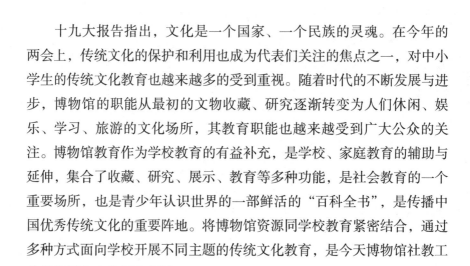

十九大报告指出，文化是一个国家、一个民族的灵魂。在今年的两会上，传统文化的保护和利用也成为代表们关注的焦点之一，对中小学生的传统文化教育也越来越多的受到重视。随着时代的不断发展与进步，博物馆的职能从最初的文物收藏、研究逐渐转变为人们休闲、娱乐、学习、旅游的文化场所，其教育职能也越来越受到广大公众的关注。博物馆教育作为学校教育的有益补充，是学校、家庭教育的辅助与延伸，集合了收藏、研究、展示、教育等多种功能，是社会教育的一个重要场所，也是青少年认识世界的一部鲜活的"百科全书"，是传播中国优秀传统文化的重要阵地。将博物馆资源同学校教育紧密结合，通过多种方式面向学校开展不同主题的传统文化教育，是今天博物馆社教工作的发展方向和探究领域。

北京古代建筑博物馆是一座研究展示中国古代建筑营造技术与艺术的专题性博物馆，为了贯彻落实习总书记"让文物活起来"的指示精神，更好地发挥博物馆的教育职责，弘扬中国优秀传统文化，近两年古建馆馆藏资源优势，不断挖掘本馆教育资源，在利用展览开展科普教育活动的同时，也设计制作了一系列古建筑技术体验课程，旨在通过这些课程让学校的老师和博物馆的工作人员更紧密地融合在一起，同学校教学进行有效的衔接和互补，为学生提供更多有意义、有价值的学习活动，培养学生传承中国传统文化的能力。

一、北京古代建筑博物馆特色课程开发背景与宗旨

1. 特色课程的开发是古建馆发挥教育职能的重要表现之一，满足了更多学生观众的参观需求

1880 年，美国学者 Jenkins 在他的《博物馆之功能》一书中明确指出：博物馆应成为普通人的教育场所。1905 年，张謇在南通营建中国第一座公共博物馆——南通博物苑，就十分重视博物馆的教育作用，他认为博物馆"庶使莘莘学子，得有所观摩研究以辅益于学校"。在 1984 年出版的《新世纪的博物馆》中也强调教育是博物馆的灵魂。在 2007 年新的《国际博物馆协会章程》中，更是将博物馆定义为"为教育、研究、欣赏的目的征集、保护、研究、传播并展出人类及人类环境的物质及非物质文化遗产"，将博物馆的教育职能调整到第一位，表明现代博物馆的功能以教育为重要目标。

在教育当先的新形势下，各个博物馆纷纷立足本馆资源特点，开展了不同形式的教育活动。北京古代建筑博物馆也充分发挥本馆特色开展了以古建筑或先农文化为主题的特色教育活动，如不同主题的临时展览，"祭先农 识五谷"主题活动等。随着近些年，随着学校对中国传统文化教育的重视，越来越多的学生在学校组织下来到古建馆参观，北京古代建筑博物馆自 2015—2017 年来馆参观的学生观众所占比例分别为 25%、26%、29%，呈逐年增多的趋势。学生观众来博物馆参观主要是为了学习知识，有明确的参观目的，希望通过博物馆的参观可以获得在书本上或课堂中学习不到的知识，他们对博物馆的社教活动要求更高，固定不变展览、简单的展陈形式有时候很难满足学生的学习要求。

2. 特色课程的开发是古建馆开展馆校合作的重要内容之一，符合当今博物馆社教活动发展的趋势

学生是博物馆教育的主要受众群体。与传统的课堂教育相比较，博物馆在展厅通过展览或藏品进行教育，配合多媒体技术手段，可以调动学生的多种感官，启发思考，学习方式更加生动，互动性强。2006 年，中共中央办公厅国务院办公厅《关于进一步加强和改进未成年人校外活动场所建设和管理工作的意见》中提出："积极探索建立健全校外活动与学校教育有效的衔接的工作机制，对校外教育资源进行调查摸底，根据不同场所的功能和特点，结合学校的课程设置，统筹安排校外

活动，要把校外活动列入学校教育教学计划。"在国家政策的支持和鼓励下，博物馆教育逐渐融入学校教育主流模式之中，并发挥了举足轻重的作用。

为了更好地发挥博物馆的教育职能，近些年，许多博物馆同学校通过馆校合作的方式开展系列教育活动。博物馆不断挖掘本馆教育资源，制作并推出了具有本馆特色、具有学校教学特点的博物馆课程。各具特色的博物馆课程，让学生不用出校门就可以获得更多的知识，收到老师和学生的广泛欢迎。

3. 特色课程的开发与实践是古建馆更广泛传播中国传统文化，坚定文化自信的重要方式之一

中国优秀的传统文化是中华民族的"根"与"魂"，是中华民族屹立于世界民族之林的根基，是推动国家发展进步的内在动力。习近平总书记指出：文化兴国运兴，文化强民族强。没有高度的文化自信，没有文化的繁荣兴盛，就没有中华民族伟大复兴。文化遗产是文化的重要载体，博物馆作为文化遗产的收藏、展示机构，记录着中华文明的发展历程，凝聚着中华民族的优秀智慧，同时肩负着向社会宣传中国优秀传统文化的重要任务。

中国古代建筑历史悠久，文化底蕴浓厚，承载了中国五千年历史文化的发展与变迁，是中华民族优秀智慧的结晶。北京古代建筑博物馆作为宣传、展示中国古代建筑历史、文化、技艺的博物馆更应该依托本馆主题，广泛的宣传中国优秀的建筑文化，为广大观众尤其是青少年观众提供更多的文化产品，为坚定文化自信贡献出一份力量。

为了更好的落实习总书记"让文物活起来"的指示精神，发挥古建馆的教育职能，满足更多学生观众的需求，更好地为学生观众讲述中国古代建筑背后的故事，古建馆依托本馆教育资源，在之前科普工作的基础之上，开始了古建筑科技体验课程的开发和实践。旨在通过这些课程让学校的老师和博物馆的工作人员更紧密的融合在一起，同学校教学进行有效的衔接和互补，为学生提供更多有意义、有价值的学习活动，培养学生传承中国传统文化的能力。

二、北京古代建筑博物馆特色课程开发与实践

1.古建馆科技体验课程开发

经过一段时间的运行时间，目前，古建馆在学校广泛实施的科技课程主要有三种，分别是中国古代建筑技术、中国古代彩画工艺、中国古代牌楼营造技艺。课程主要面对小学四至六年级学生开展，一般以两课时为宜。课程采取PPT展示、视频、动画、填写学习手册、参观展览以及动手体验相结合的方式。课程分为课堂教学法和博物馆教学法两种主要形式，学校讲授即通过学校教学中的演示法、讲授法、实践法、讨论法等，通过PPT、模型或动画等方式向同学们展示中国传统建筑技艺，引导学生自主探索中国传统建筑文化，指导学生拼装斗拱模型和鲁班锁模型，让学生自主领会中国古代精湛的建筑技艺，感受华夏文明的博大精深，增强学生的文化自信心和民族自豪感。博物馆教学法主要是通过参观讲解展览、完成参观任务单、指导学生组装榫卯模型等方法，让学生可以更加深刻地了解古建结构的奥秘，同时做到古建专业的启蒙教学。

通过开展不同主题的博物馆课程，让学生深入了解中国传统建筑的营造技艺，感受中国精湛的建筑工艺，引导学生增强传承中国传统文化的能力。

（1）中国古代建筑技术体验课程

通过展示中国传统建筑基本特征、建筑过程、榫卯在中国古代建筑中的重要作用以及斗拱的作用等相关知识点的展示，结合榫卯、斗拱模型的组装体验，让学生们了解中国古代建筑木结构的基本特征、木结构建筑的建造过程，榫卯技术在中国古代建筑中发挥的重要作用，通过榫卯技术结合在一起的斗拱在中国古代建筑中的重要作用；提高学生辨析中国传统建筑的能力，知道中国传统建筑建造过程的能力，自我独立完成鲁班锁或斗拱组装的能力。通过本课程的学习，让学生体验到中国古代建筑独特构件——斗拱的组装以及不同形式榫卯的拼装，领会中国古代精湛的建筑技艺，感受华夏文明的博大精深，增强学生的文化自信心和民族自豪感。

中国古代建筑技术体验课程

（2）中国古代建筑彩画工艺体验课程

通过中国古代建筑彩画的作用、实施过程及工艺等相关知识点的展示，结合古建筑彩画模板填色体验，让学生了解古建筑中彩画的作用及制作工艺，不同时期中国传统建筑彩画的特点以及古建筑彩画的实施过程，了解中国传统建筑彩画色彩运用的基本原理；培养学生辨析中国传统建筑彩画类别的能力，讲述中国古代建筑彩画制作过程的能力，独立完成彩画配色的能力，引导学生体会中国古代建筑匠师在长期实践中利用自然矿物保护美化建筑的艺术理念及中国古代精益求精的工匠精神。

中国古代建筑彩画工艺体验课程

（3）中华牌楼营造技艺体验课程

通过中华牌楼历史发展、不同历史时期及不同地域牌楼的形制特点、营造技艺、牌楼作用以及现在牌楼的建造活动等相关知识点，让学生了解中华牌楼作为中国传统建筑的重要类型，它具有中国古代建筑的基本特征，承载着中国丰富的历史文化、建筑艺术和民族风情，牌楼的建造技艺是中国古代建筑技术与艺术的缩影，是中华传统文化同传统建筑的重要结晶，现在更是中华民族的象征；培养学生辨析不同历史时期、不同地域牌楼形制的能力，了解传统牌楼营造过程的能力，以及自我独立完成牌楼模型组装的能力；指导学生体验中国单体建筑从地基、立柱到搭建楼顶的营建过程，体会中国精湛的木结构建筑技艺以及古代建筑严谨、精益求精的工匠精神。

中华牌楼营造技艺体验课程

2. 古建馆科技体验课程的实施

在课程开展过程中，通过学生们身边的古建筑作为切入点，引导学生了解中国古代建筑，拉近了学生同古代建筑的距离，能够更好地引起他们了解古建筑的兴趣；通过动图或动画等形式，加强了学生的专注度，有利于学生理解中国古老的建造技艺。同时，我们也能够随时观察了解不同学校、年级学生的学习情况，随时修改授课内容和方式。尤其是互动环节激发了学生的极大兴奋点，有利于学生的感知，该方式是这一年龄段学生学习知识的有效途径。

古建馆的科技体验课程自 2017 年正式实施以来，通过进学校或来博物馆等方式，分别在北京史家小学、北京东交民巷小学马坊分校、北京育才学校、东城区教委中青年教师培训班、北京教育学院丰台分院老师、河北省邢台市河古庙中心学校、北京市朝阳区教委以及一些社会学生团体或亲子团体中开展，受到老师、学生以及家长的欢迎。其中三种体验课程作为该校"博物馆科技课程"重要组成部分已经在北京史家小学连续开展三个学期，成为该校课后330的固定项目。

在史家小学开展课程

三、特色课程开发与实施过程中的反思

北京古代建筑博物馆作为中小型博物馆，通过科技体验课程的实施，让更多的观众尤其是青少年观众在了解中国古代建筑基本知识的基础上，对中国传统建筑有了更形象、更深刻的理解，提高了他们学习中国传统建筑文化兴趣。但是，博物馆科技课程毕竟是近几年才发展的新的社教方式，在实施过程中还需要博物馆从业人员不断探索和改进。

1. 紧密联系学校，加强交流与沟通，实现博物馆同学校之间的无缝对接

博物馆科技课程是否受欢迎很大程度上取决于课程设计的好坏以及课程的实施方法。博物馆的科技课程不同于学校的传统课程，一方面要体现博物馆特有的文化资源，另一方面还要同学校的教学内容相结合，同时还要能够吸引学生的兴趣。这就要求博物馆从业者在课程开发和实施过程中，紧密联系学校，加强同学校的交流和沟通，按照学校的教学要求，开发出满足学生需求、具有针对性的博物馆课程。

在古建馆科技课程实施前期，工作人员会仔细了解授课对象的知识水平、学习要求，在课程实施过程中，从学生熟悉的古建筑入手，尽量避免高深难懂的专业术语。在史家小学实施科技课程的过程中，在授课前后进行交流和总结，根据四年级学生的学习特点，专门设计了课程学习单，在课程结束后，带领学生对本课学习的知识进行总结，在学习和互动过程中启发学生的思考能力。

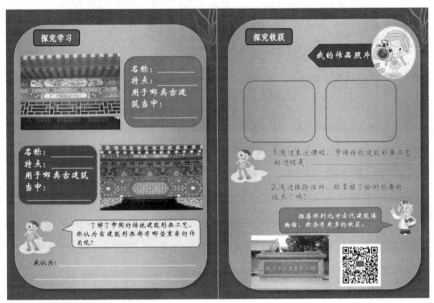

学习单节选

2. 加强对教师的培训，为教师搭建学习交流的平台，扩大博物馆科技课程的受众面

教师是学校教育的主要力量，是学生接受教育的主要执行者，在博物馆同学校的结合过程中，应该加强对教师的培训，为教师搭建学习交流的平台，发挥教师的纽带作用。

教师在学校教育中有繁重的教学任务，即使带学生来博物馆参观体验，也很难亲自体会博物馆的科技课程。古建馆在实施博物馆课程期间，专门组织教师来馆参观展览、体验博物馆课程，让各学科老师了解和熟悉本馆的教育资源，引导老师爱上博物馆。经过对老师的培训，老师对博物馆的教育资源及方式有了一定的认识之后，会将博物馆教育潜移默化地应用在学校教育之中，提高了学生对于博物馆的利用和认识，教师逐渐成为博物馆教育的参与者。博物馆课程的顺利开展，逐渐在教师中得到认可，通过口口相传、以点带面，古建馆的博物馆科技课程受到越来越多老师的关注。

为东城区传统文化课程教师进行培训

3. 深入开发教学内容，形成系统、灵活的课程体系

相对于很多博物馆科技课程设计的多元化，北京古代建筑博物馆在设计课程之初就十分注重依托本馆教育资源开发系统性博物馆课程。建筑技术、建筑彩画、中华牌楼，从名称上看是三种不同的主题课程，但在内容设计上符合观众认识古建筑的过程。三种课程既可以分开展示，又可以通过循序渐进的方式系统展示。古建馆在今后的课程开发中，还将遵循此原则不断深入挖掘本馆教育资源，完善课程体系。

北京古代建筑博物馆作为中小型博物馆，受各方面原因的限制，就需要科技课程的具体实施具有较强的灵活性，既能在馆内操作，又能在学校进行。

学生在古建筑群内进行彩画体验课程

4.完善本馆社教力量，培养复合型人才

目前，古建馆科技课程的开展主要面对的是在校学生和老师，尤其是在学校开展课程时，需要博物馆教育人员不但具有丰富的博物馆专业知识，同时又要掌握教育学的相关能力。然而，本馆的教育人员主要由讲解人员组成，其学历背景多为博物馆相关专业，对学生课堂教育的实施有一定难度。因此，完善社教力量，培养复合型人才势在必行。

随着国家对中国优秀传统文化的重视，出台了一系列鼓励博物馆发展的政策，到博物馆参观的观众更加多元化，博物馆迎来了空前发展的机遇，同时也面临着巨大的挑战。通过多种形式为观众尤其是青少年观众提供教育产品，是博物馆发挥教育职能的重要表现。开发博物馆科技课程，是古建馆近些年社教工作的新尝试。通过博物馆科技课程，加强同学校交流合作，讲好古建筑背后的故事，提高师生对中国古代建筑的兴趣，培养青少年观众走进博物馆的意识，增强青少年的文化自信，为传承中国优秀传统文化贡献自己的力量。

李莹（北京古代建筑博物馆社教信息部　副主任）

博物馆学研究

101

行政事业单位
会计信息质量提升探析

◎董燕江

一、引言

随着经济社会的不断发展，行政事业单位作为公共管理部门，在社会服务和经济服务过程中发挥着重要的作用。会计工作是一个组织或者单位内部管理工作中最为重要的工作之一，既是对单位或者组织历史工作的回顾和总结，也是对未来工作的一种警示和支撑。会计工作是系统化的工作，其通过对各个会计要素的确认、计量、记录、分析等一系列的工作，综合反映着行政事业单位的运行情况和财务状况，也是行政事业单位是否履行好社会经济服务工作的重要表现。会计工作的作用至关重要，其核心内容就是会计信息的质量。从我国的《会计法》《企业会计准则》《行政事业单位会计制度》等相关的法律法规中可以看出，会计信息质量都是出于核心内容的地位。我们也将通过对行政事业单位会计信息质量的提升进行分析和探究，促进行政事业单位的持续健康发展。

二、会计信息质量的含义和意义

（一）会计信息质量的含义

上文已经提及，会计信息质量是会计相关法律法规的核心内容，对于行政事业单位来说，其最为适用的法规是《行政事业单位会计制度》。总览《行政事业单位会计制度》，我们可以看见"第二章 会计信息质量要求"即是对于该部分内容的详细阐述。从内容上看，行政事业单位的会计信息质量要求总结起来包含真实可靠、决策需要相关、全面、准确、可比、清晰明了等方面。例如对于可比性来说，一方面是同一行政事业单位不同时期的可比，另一方面就是同一时间不同行政事业单位的可比，这就要求行政事业单位要采用一致的会计政策，确保口径等相关内容的统一和规范。

（二）保证行政事业单位会计信息质量的意义

行政事业单位会计信息是决策、考核等工作的基础，具有较高质量水平的会计信息对于是行政事业单位来说具有非常重要的意义。

第一，行政事业单位会计信息质量的保证，有利于上级部门的考核和相关决策。行政事业单位的会计信息不用对外披露，仅仅是用作自身内部的工作总结和上级部门的考核评价，同时也是作为本级内部或者上级部门日常决策的重要基础，会计信息质量的重要保障是考核公正化和决策科学化的基础。

第二，行政事业单位会计信息质量的保证，有利于提升社会经济服务质量，提升服务效率。行政事业单位的会计信息是对其社会经济服务工作的有效监督，能够通过会计工作的监督执行反向促进社会经济服务工作效率的提升。

第三，行政事业单位会计信息质量的保证，有利于防止腐败滋生，保持健康发展。强化行政事业单位会计信息质量的保证，能够从多角度、细微之处预防腐败的发生，同时也会起到潜在的警示作用。

第四，行政事业单位会计信息质量的保证，有利于行政事业单位的改革工作顺利进行，优化事业单位的总体结构和功能划分。

三、影响行政事业单位会计信息质量的重要因素

（一）制度因素

制度化是会计工作的重要基础，同时也是影响行政事业单位会计信息质量的重要因素。上文已经提及，在当下的众多会计相关法律法规中，几乎都在较为重要的章节中阐释了会计信息质量的具体内容，即是企业或者组织应该做到的相关质量保证的具体要求。没有坚实的制度保证，会计工作中的信息质量工作就会显得没有基础，也就缺乏了相应的执行动力和约束力。同时，制度因素不仅仅是相关的制度有没有，还包含了对于制度的持续修正和强有力的执行。对于修正完善来说，着眼于不断发展变化的社

会经济，也就会带来不断变化的会计工作特点，为会计信息质量相关制度的修正带来了内在的动力。对于制度的执行来说，这是会计信息质量相关内容切实发挥作用的直接因素，也是促进后期不断修正完善的重要基础，只有基于实践反馈的经验教训才是修正完善真正的动力。

（二）人才因素

从执行方面讲，对于行政事业单位最为重要的就是人才的数量和质量，这也是影响行政事业单位会计信息质量的重要因素。良好的人才基础，为行政事业单位带来的是先进的会计工作理念、高效的执行、规范的会计处理、严谨的财务分析等，而这些又是和会计信息密切相关的，因此我们说人才因素是行政事业单位会计信息质量的重要影响因素之一。从人才本身的分类来讲，人才的数量影响的是会计信息的数量、效率，人才的质量影响的是会计信息的质量、全面性和准确性等。值得一提的是，人才的延续性也是影响行政事业单位会计信息质量非常重要的一个因素。比如会计信息质量中有可比性的基本要求，这就要求行政事业单位在会计活动中保持相关会计政策和口径的一致性，而要保持政策和口径的一致性，最为重要和直接的方式就是会计执行人才的延续性。除了会计法律法规的规定之外，会计人员对于会计工作中的部分事宜依然具有一定的自主性，因此不同的会计人员会有不同的工作特点和偏好，保持会计人才的相对稳定对于整个单位的会计信息质量的保证具有积极的促进作用。

（三）监督因素

行政事业单位的会计信息质量保证离不开监督工作的切实落实和执行，监督工作是其会计信息质量最为直接的影响因素。监督因素与执行因素相辅相成，没有执行就没有会计信息良好的质量，但是没有监督就没有客观、科学的执行行为，这种连贯的充分必要条件链条，深刻地影响着行政事业单位的会计信息质量。具体来讲，单位的监督活动主要体现在对于会计工作的监督、对于会计信息整理核查披露的监督以及对于相关执行人员的监督等各个方面。

（四）外部环境因素

总体来看，外部环境因素是影响行政事业单位会计信息质量最不明显和直接的因素之一，其对于会计信息质量的影响往往是潜在的、间接的。具体来看，影响行政事业单位会计信息质量的外部环境因素主要有上文已经提及的制度环境、人才环境等，以及社会价值观环境、政策环境、利益环境等，这些外部环境因素会在各个方面影响着行政事业单位的会计信息质量。比如利益环境，行政事业单位处于较为单纯或者较为复杂的利益环境中，就会产生不同的会计信息质量偏好。面对更加复杂的利益环境，行政事业单位的会计信息质量可能就会受到一些非正常的牵制和影响，或者导致会计信息失真，或者导致会计信息更加能够反映出行政事业单位的各个环节和过程的细节，为各个利益主体提供更为详细的会计信息资料，以支撑其相关的判断和决策。

四、行政事业单位提升会计信息质量的措施建议

（一）积极践行相关制度，贯彻制度理念精神

制度是行政事业单位会计信息质量的重要基础，是保证其质量的基石。当下的行政事业单位应该积极地贯彻和落实相关的制度文件，践行会计信息质量的相关理念精神。总体来看，行政事业单位的会计信息质量相关制度主要包含外部的法律法规以及内部的具体执行制度和细则等。对于外部的法律法规来说，行政事业单位应该积极的研究学习和贯彻执行，保持自身会计工作的合规合法性以及会计信息质量的标准合理性。对于内部的具体制度以及实施细则来说，行政事业单位应该基于自身的具体情况，结合外部的法律法规，制定适合自身的具体制度和实施细则。例如某事业单位积极推进行政事业单位会计信息质量的相关的制度建设，由上至下实施推行，严格贯彻和实施《行政事业单位内部控制规范》《政府会计制度》等法律法规，督促各个行政事业单位制定实施细则，提升各个行政事业单位的内部控制能力，提升各个单位的会计信息质量水平，提升资金的使用效率和效果。同时我们建议各个行政事业单位要在制定实施会计信息质量相关制度的同时，要保持制度持续更新优化的机制预留和心理预期，使得单位的会计信息质量不会因为社会经济环境的变化而发生变化和错配。

（二）引进和培养会计人才，提升单位会计水平

从组织管理学的角度来看，人才是任何组织形式内外部管理工作

的重要基础，也是重要的动力来源。鉴于此，我们建议行政事业单位在提升自身会计信息质量的时候要注重引进和培养相关的会计工作人才，通过切实提升单位自身的会计水平来保证会计信息质量始终处于一个较高的水平。例如某区为了进一步的规范和防范财务风险，组织落实了相关的财务会计人才培训工作，这次培训工作针对的是全区的各个行政事业单位，由区纪检组组长亲自带队和组织，旨在提升行政事业单位的会计人才的基本素质和技能。作为笔者所在的博物馆类行政事业单位来说，更加应该重视相关人才的引进和培养。通过提升福利待遇来提升自身对于会计人才的吸引力，通过强化培训工作力度来提升自身的日常工作培训水平。通过人才的引进和培养两个方面工作的有机结合，促进自身单位的会计水平，也就为会计信息质量的保证奠定了坚实的基础。值得注意的是，基于上述对于人才一致性因素的阐释，我们建议各个行政事业单位应该在一定程度上保持自身会计人才的一致性和延续性，这就要求单位要优先做好自身的人才培养提升工作，然后做好人才的引进工作，通过提升会计人才的相关福利和发展前景来增强人才黏性，使整个单位的会计信息风格和质量得以延续和保持一致性。

（三）强化会计工作的监督评价，提升会计信息质量

在组织的管理活动中，监督评价是保证管理活动最终效果的重要过程和手段。对于行政事业单位来说，我们也建议各个单位要在日常的会计工作中强化监督评价，以期能够保证和提升会计信息质量。会计工作的监督，主要是包含对于会计工作人员、会计工作环节、会计工作结果的监督和评价。具体来讲，单位要对会计工作人员的业务水平、相关资质等进行核查和评价，对于会计工作的各个环节进行有效的监督，对于会计工作结果进行科学合理的评价。例如长春市近年来逐步实施全面集中的核算改革，对于弥补乡镇行政事业单位的内部财务管理、财务风险、堵塞各种经济活动漏洞等方面起到了重要的促进作用。强化会计工作的监督评价，实质上就是提升内部财务控制能力，通过《行政事业单位内部控制规范》的试行和实施，精细化管理和监督，实施会计信息在各个环节和过程的全流程保证。对于会计结果的评价，我们建议行政事业单位要设置科学合理的评价机制，通过评价机制也能够在一定程度上规避会计失真的现象发生，为会计信息质量增加一层良好的保护层。最后，我们建议行政事业单位的监督评价工作要分为定期和不定期，通过

静态和动态的结合，有利于提升会计工作的监督评价效果和效率。最后从监督评价的机制设计层面讲，我们建议行政事业单位应该建立和完善相关的监督评价机制，将静态和动态的监督评价工作逐步地程序化、体系化和流程化。在管理机制设计方面，一方面要追求监督评价工作条线的独立性，保证监督评价的客观公正和科学合理，另一方面也要追求权力的相互制衡，阻断相关的利益裙带和灰色空间，塑造良好的会计信息环境。最后，我们还要强调监督评价工作的执行力度，强有力的执行力度是发挥监督执行预期效果的关键。

（四）优化会计工作的外部环境

行政事业单位会计信息质量工作的外部环境主要包括政策环境、制度环境、人才环境、监督评价环境等方面，单位应该积极创造和优化自身所处的会计工作环境，为会计信息质量的保证工作奠定坚实的环境基础。同时要对于外部环境保持较高的敏感度，积极应对可能出现的相关变化。

五、结语

行政事业单位是我国特有的一种组织形式，在社会经济服务等方面发挥着重要的作用。随着经济社会的不断发展，行政事业单位自身的发展也面临着一些问题和不足。从其自身的管理工作来看，着眼于效率的提升的内部管理工作中，会计信息质量的保证工作至关重要。对此我们建议行政事业单位要深刻分析自身所处的领域和环境，从会计信息质量的影响因素着眼和出发，通过切实贯彻相关法律法规制度体系，优化和提升人才对于和人才平，强化会计工作的监督评价，营造良好的会计工作氛围等四个方面，切实提升行政事业单位的会计工作内部控制能力，在全过程、多角度的会计工作环节中保持较高水平的会计信息质量，优化基于会计信息质量的相关评价和决策工作，为行政事业单位的整体健康和持续稳定发展奠定坚实的基础，促进优化行政事业单位社会经济服务的功能。

董燕江（北京古代建筑博物馆办公室　高级会计师）

概述博物馆知识产权

◎温思琦

近些年来，随着国家对博物馆工作的重视和大众日益增长的精神文化需求，我国博物馆事业迎来了飞速发展阶段。经过不断的探索与努力，我国博物馆在陈列设计、科学研究、藏品保管等领域取得了显著成绩，博物馆社会服务也在不断加强，开始举办越来越丰富多彩的展览活动，并且出版了一系列优秀科研成果，同时也开发出一系列文创产品。而这些博物馆工作无一例外地都涉及一个相关领域，就是知识产权。但是由于博物馆属于非营利性机构，因此普遍认为其一般不涉及知识产权问题，导致我国多数博物馆对知识产权问题没有引起足够重视，侵权与被侵权事件时有发生，而且随着博物馆事业的飞速发展，博物馆知识产权问题也愈发严重。如何解决博物馆知识产权相关问题，已经成为继续推动博物馆事业繁荣发展的一个重要问题。

一、述说博物馆

1946年国际博物馆协会（ICOM）成立，同时将博物馆定义为"向公众开放的美术、工艺、科学、历史以及考古学藏品的机构，也包括动物园和植物园，但图书馆如无常设陈列室者则除外"。此时的博物馆仅仅作为收藏藏品的机构而向公众开放，这时的博物馆应该说从概念上更像现今的陈列馆。

1951年，国际博物馆协会对博物馆定义进行了修改，定义为"博物馆是运用各种方法保管和研究艺术、历史、科学和技术方面的藏品及动物园、植物园、水族馆的具有文化价值的资料和标本，供观众欣赏、教育而公开开放为目的的，为公共利益而进行管理的一切常设机构"。这时博物馆已经不单纯是收藏陈列机构，而开始有了研究、教育、欣赏的功能，并且首次明确了博物馆是公益机构。1962年，国际博物馆协会又规定了"以研究，教育和欣赏为目的，收藏、保管具有文化或科学价值的藏品并进行展出的一切常设机构，均应视为博物馆"。

1974年，在丹麦哥本哈根召开的第11届国际博物馆协会会议上，会议章程第三条规定"博物馆是一个不追求营利、为社会和社会发展服务的公开的永久性机构。它收集、保存、研究有关人类及其环境见证物当作自己的基本职责，以便展出，公之于众，提供学习、教育、欣赏的机会"。此时的博物馆不仅是一个公益机构，同时阐明了它的非营利性特征。此后的博物馆定义中都一再表明了博物馆的非营利性，这也正是博物馆与知识产权私有性产生矛盾的所在。

1989年，在荷兰海牙召开的第16届国际博物馆协会会议上通过的《国际博物馆协会章程》第二条将博物馆定义再次修改，"博物馆视为社会及其发展服务的非营利的永久机构，并向大众开放。它为研究、教育、欣赏之目的征集、保护、研究、传播并展示人类及人类环境的见证物"。2007年于维也纳举办的第21届大会上修订的博物馆定义，具体表述为："博物馆是一个非营利性的、为社会及其发展服务的常设机构，是对公众开放的，为教育、研究和欣赏的目的征集、保护、研究、传播并展示人类及人类环境的有形遗产和无形遗产。"目前国内外通用的博物馆定义采用的正是这一版本。

2015年我国国务院颁布实施了《博物馆条例》，《条例》根据中国自身博物馆事业发展趋势和特点，指出我国的博物馆是以教育、研究和欣赏为目的，收藏、保护并向公众展示人类活动和自然环境的见证物，经登记管理机关依法登记的非营利组织。

通过以上对博物馆以及博物馆功能衍变的梳理，我们不难看出新时代的博物馆更加强调其非营利性以及为社会服务功能。在如何提高博物馆服务社会的水平上，大多数博物馆往往通过举办展览、活动、开发文化产品、采用新媒体技术与更多的观众互动等形式体现。随着博物馆在社会生活中的作用和影响力不断增长，博物馆藏品、展览、文化产品等社会效益和经济效益逐渐显现，导致博物馆知识产权侵权事件时有发生，因此博物馆知识产权问题应该得到博物馆的足够重视。

二、有关知识产权的国内外立法现状

知识产权英文为"intellectual property"，其原意为知识财产所有权或者是智慧财产所有权，因此知识产权也被习惯称为智力成果权，是关于人类在社会实践中创造的智力劳动成果的专有权利。知识产权从本质上说是一种无形财产权，其所保护的智力成果是一种无形的精神财富，因此，知识产权的客体是非物质性的，这也正是知识产权的本质属性，也是知识产权与其他财产权利的本质区别，而知识产权法顾名思义就是指因调整知识产权的归属、行使、管理和保护等活动中产生的社会关系的法律规范的总称。

（一）国外知识产权相关内容概述

早在1886年，英、法、德等10个国家共同倡议并于9月9日在瑞士伯尔尼签定了世界上第一部国际版权公约《伯尔尼保护文学和艺术作品公约》，确立了保护著作权的国际最低标准，标志着国际版权保护体系的初步形成，该公约成为全世界范围内保护文化"软实力"的"根本法"。公约保护的作品范围是缔约国国民的或在缔约国内首次发表的一切文学艺术作品，包括文学、科学和艺术领域内的一切成果，不论其表现形式或方式如何，诸如书籍、小册子和其他文学作品，讲课、演讲、讲道和其他同类性质作品，戏剧或音乐戏剧作品，舞蹈艺术作品和哑剧，配词或未配词的乐曲，电影作品和以类似摄制电影的方法表现的作品，图画、油画、建筑、雕塑、雕刻和版画作品，摄影作品和以类似摄影的方法表现的作品，实用艺术作品，与地理、地形、建筑或科学有关的插图、地图、设计图、草图和立体作品。公约将作者列为第一保护主体，保护其包括精神权利和财产权利在内的专有权利。

1967年7月14日，保护工业产权巴黎同盟的国际局与保护文学艺术作品伯尔尼同盟的国际局的51个国家在瑞典首都斯德尔摩会议将两国际机构合并，签订了《成立世界知识产权组织公约》，该公约于1970年4月26日正式生效，定名为世界知识产权组织，英文简称WIPO。公约指出：知识产权是关于文学、艺术和科学作品的权利，关于表演家的演出、录音和广播的权利，关于人们在一切领域的发明的权利，关于科学发现的权利，关于工业设计的权利，关于商标、服务商标、厂商名称和标记的权利，关于制止不正当竞争的权利，以及在工业、科学、文学或艺术领域里的一切来自知识活动的权利。

（二）我国知识产权相关内容概述

目前，我国暂时没有专门的知识产权保护法，从中国的立法现状看，知识产权法仅是一个学科概念，并不是一部具体的制定法。根据中国《民法通则》的规定，知识产权属于民事权利，是基于创造性智力成果和工商业标记依法产生的权利的统称。因此，广义上的知识产权法主要由著作权法、专利法、商标法等若干法律行政法规或规章、司法解释、相关国际条约等共同构成。从法律部门的归属上讲，知识产权法属于我国的民法特别法。

相较于国外，我国对于知识产权的保护起步较晚。应该说我国知识产权司法保护制度在改革开放的大潮中起步和发展，伴随着我国商标法、专利法、著作权法等法律的实施以及加入世界贸易组织而不断完善。1980 年中国正式加入《成立世界知识产权组织公约》，1992 年已经问世百余年的《伯尔尼保护文学和艺术作品公约》才在中国正式生效。进入新世纪以来，随着科学技术的进步、知识经济的兴起和经济全球化进程的加快，伴随着 2001 年 12 月加入世界贸易组织（WTO），中国更加意识到发展完善知识产权相关制度的日益迫切要求。2004 年 1 月召开的全国专利工作会议上，原国务院副总理吴仪明确指示，要"认清形势，明确任务，大力推进实施知识产权战略"。2005 年 1 月国务院办公厅正式发文成立国家知识产权战略制定工作领导小组，该机构以制定国家知识产权战略为任务，正式启动了我国知识产权战略制定工作，并不断加大知识产权保护力度。随后，中国知识产权保护各项制度不断完善并紧追欧美步伐。但从总体上看，我国知识产权制度仍不完善，社会公众知识产权意识仍较薄弱，侵权现象比较突出。

2017 年 4 月 24 日，最高人民法院首次发布《中国知识产权司法保护纲要（2016—2020）》。最高人民法院副院长陶凯元表示，这是最高人民法院第一次针对专门审判领域制定发布的保护纲要，旨在通过五年的努力，力争使知识产权司法保护体系更加完善，司法保护能力更大提升，司法保护的主导作用更加突出，同时为国际知识产权司法保护提供更多的"中国经验"和"中国智慧"。

三、博物馆知识产权

何谓博物馆知识产权？首先就需要对博物馆知识产权的客体范围加以界定。博物馆知识产权指的是在科技、艺术、文化与工商等领域，博物馆基于工商业标记和智力成果等依法产生的权利。世界知识产权组织在2007年正式发布了《博物馆知识产权管理指南》，指南由加拿大专家 Rina Elster Pantalony 女士写作，内容主要针对在信息时代，如何通过对知识产权的使用与保护，加强和改进博物馆对藏品的管理与利用。该指南指出，博物馆的知识产权包括著作权（版权）、商标权、专利权、网络域名权以及工业设计权五大类，并对每种知识产权所包含内容做了具体规定。《指南》同时认为，知识产权在博物馆进行藏品的搜集、保存和管理工作中扮演着重要角色，特别是在版权和商标权的实际应用中。

针对博物馆五类知识产权，在我国博物馆工作中的具体表现形式主要有：博物馆著作权以出版书籍、音像制品、陈列展览等形式体现，商标权是指博物馆在国家工商行政管理总局商标局注册的馆名、建筑物名称、展览名称、博物馆馆藏品的形象等，专利权是指博物馆在开展专业工作时获得的专利发明创造等，网络域名权是指博物馆基于网络域名产生的权利，博物馆对其注册的中英文域名依法享有使用、转让或变更、注销的等权利，工业设计权是指博物馆在进行博物馆陈列设计时对建筑空间与展品进行艺术设计增加美感，以及人与物的和谐，增加博物馆展览设计的艺术美感。

2007年国际博物馆协会对博物馆定义进行了修订，这次修订将教育功能列为博物馆三大基本功能之首，表明博物馆开展各项业务工作都要以贯彻教育为最终目的，这一改变反映了近年来国际博物馆界对博物馆社会责任的强调及对博物馆社会效益的关注。博物馆的教育功能在观众与藏品之间架起了桥梁，博物馆通过以藏品为基础的具有历史科学艺术价值的展览，对公众进行教育，丰富人们的科学知识和文化生活，陶冶人们的情操，博物馆编辑出版科普读物、专题资料刊物等都是促进博物馆教育的发展的途径。而不可避免的，博物馆在出版这些著作和刊物时就涉及到了知识产权中著作权问题，而著作权问题是所有知识产权纠纷中最为突出的。著作权又称版权，是指自然人、法人或者其他组织对文学、艺术和科学作品依法享有的财产权利和精神权利的总称。著作权主要是针对博物馆作品，包括相关的馆藏物品以及以电子载体或有形载体方式所呈现出来的摄影作品、出版物、多媒体产品、视听作品等依法享有的专有权利。我国著作权法中列举了八种主要作品形式，即文字作品，口述作品，音乐、戏剧、曲艺、舞蹈和杂技艺术作品，美术（绘画、书法和雕塑等）、建筑作品，摄影作品，电影作品和以类似摄制电影的方法创作的作品，工程设计图、产品设计图、地图和示意图等图形作品和模型作品，以及计算机软件等。著作权是一项绝对权，我国《著作权法》的规定，著作权原则上归属于作者。

收藏是博物馆开展各项业务工作的基础，博物馆保存着最广泛、最全面的自然和文化遗产，是人类活动和自然发展见证物的最佳保存场所，这是其他任何机构都无法替代的。藏品是博物馆的灵魂，是博物馆的立馆之本，是国家宝贵的科学文化遗产，其蕴含着丰富的历史文化内涵，是博物馆社会职能得以实现的物质基础。博物馆藏品管理是博物馆收藏功能的主要工作。藏品管理不同于藏品保管，它不仅包含了博物馆日常的藏品保管工作，而且涵盖了藏品的整理研究、保护利用等与藏品相关的各项工作，反映了藏品工作的本质。藏品的数字化是文物保护和传播的新趋势。随着现代科学技术的不断发展，信息化和数字化时代已经来临，两者正在不断深刻地影响着社会的各个方面，同时也把文化传播带入了一个新的境界。对于博物馆来说，数字化技术带来了一次科技上的变革。所谓数字化，即藏品的信息化，是通过计算机信息技术将藏品本体、藏品影像资料等各种资源进行整合，建立藏品信息数据库，结合多媒体、网络等数字化手段使藏品展示、利用、保护、管理等工作实现信息化，最大限度地为博物馆工作人员以及受众提供全面、高效、便捷的数字化服务，更进一步来说，对容易损坏的藏品通过数字化的方式将其固化，有利于对其长久保护。博物馆藏品以文字、图像、声音、视频和三维模型的形式展现出来，为藏品数字化贮存、鉴赏、鉴别和传播提供了良好的条件。然而，随着博物馆数字化和信息化的程度越来越高，在数字化文物的传输、交易、复制过程中，数字文物的著作权问题也引起了关注。对文物所进行的文字、图像、声音、视频、三维模型等处理，都属于一种再创作，符合《著作权法》中关于作品的规定，可以享有著作权。对于这些文物数字化作品的著作权管理对博物馆而言非常重要。博物馆应当重视数字化作品的著作权管理，使多媒体内容免受未经授权的使用、复制和传播。

2003年9月，文化部下发《关于支持和促进文化产业发展的若干意见》，将文化产业界定为"从事文化产品生产和提供文化服务的经营性行业"，由此可见文化产品是文化产业的一个重要的构成要素。文化产品就是能够传播思想、符号和生活方式的消费品，提供信息和娱乐，进而形成群体认同并影响文化行为。近几年博物馆文化产品开发成为备受博物馆界关注的一个新兴文化产业，早在2010年博物馆文化产品开发工作座谈会上就提出了"力争到2015年……逐步形成品种齐全、种类多样、特色鲜明、优势突出、富有竞争力的博物馆文化产品体系"。近年来我国许多博物馆致力于研发各种文化产品，在文化产品开发上进行了不少尝试，也取得了一定的经济和社会效益。2015年国务院颁布的《博物馆条例》第四章博物馆社会服务第三十四条中也提到了国家鼓励博物馆挖掘藏品内涵，与文化创意、旅游等产业相结合，开发衍生产品，增强博物馆发展能力。2016年，文化部、国家发展改革委、财政部、国家文物局联合下发了《关于推动文化文物单位文化创意产品开发的若干意见》(国发〔2016〕17号)，大力发展文化创意产业。由于博物馆的飞速发展，博物馆工作得到了社会更多关注，也推动了博物馆文化产业的发展。文创产品开发在带来社会关注与经济效益的同时也带来了一系列相关问题。近些年来，随着故宫博物院、台北故宫博物院文创产品的走红，各博物馆开发的文创产品如雨后春笋般的出现，但随着文创产品的开发和生产，知识产权相关问题，尤其是在商标注册方面的问题尤为突出。商标是用来区别一个经营者的品牌或服务和其他经营者的商品或服务的标记，博物馆的注册商标应用在文化产品上，本身这个商标就起到了宣传博物馆的作用，并且设计精美、寓意深刻、新颖别致、个性突出的商标，能很好地装饰产品和美化包装，使消费者乐于购买。但是我国博物馆商标注册情况却不容乐观，2012年中国文物报社记者曾对28个省市的83家一级博物馆注册商标情况进行了调查，调查数据显示，37家博物馆注册了商标，注册率为44.6%，其中有18家博物馆馆名被抢注，抢注率达21.7%。许多博物馆对抢注情况完全不知情，又加上博物馆缺少这方面的专业人才，遇到这类问题也不知用什么方法来维护自己的权益。一旦抢注商标生产的商品出现各种问题就会给被抢注的博物馆声誉带来损害，严重影响博物馆的公众形象，让观众对博物馆丧失信心。早在上世纪90年代，故宫博物院就向国家工商总局商标局申请注册"故宫""紫禁城"15类服务商标，成为全国文博界第一家拥有注册商标的单位，并且保留对抢注商标进行法律追究的权利。河北省博物馆为进行博物馆文化产品开发，拓展文化传播途径，依托馆内丰富的文化、文物资源，设计并申请注册了8个商标图案，已广泛应用于博物馆的各种文化产品、社教、展览、会议等领域。

四、完善立法、加大宣传，加强博物馆知识产权的保护力度

相较于国内，国外知识产权立法及执法都十分严格，经验丰富。国内可以学习国外经验，加大执法力度，保护知识产权。目前我国尚未出台专属博物馆知识产权的法律法规，因此，导致博物馆知识产权保护缺乏有力支持，与博物馆相关的法律法规如《中华人民共和国文物保护法》《中华人民共和国文物保护法实施条例》《博物馆管理办法》《博物馆条例》中都很少提到知识产权问题。博物馆知识产权出现纠纷时，没有可参照的具体立法，这给博物馆知识产权保护工作带来诸多不便，因此颁布实施博物馆知识产权专属法律法规显得尤为重要。虽然没有相关立法，但是我们又不能因此而忽视知识产权相关问题，在具体的博物馆法律法规出台以前，作为博物馆应当首先了解知识产权，熟悉《专利法》《著作权法》《商标法》等法律法规，一旦有侵权行为发生，就可以采取有效的法律途径维护自身权益。在维护自身知识产权的同时，博物馆也应该规束自己，尊重他人的知识产权，如若需要使用他人智力成果时，应该提出申请并支付费用。

博物馆知识产权保护不仅要通过法律技术等手段，还应该加强博物馆从业者自身的知识产权保护意识，因为对知识产权不了解，就谈不上保护，因此必须加强知识产权宣传力度。博物馆要认识到知识产权的重要性，对工作人员进行知识产权普及教育，树立起产权保护意识。法规制定和执行部门以及媒体要广泛向社会公众宣传保护知识产权的重要性，从社会层面加大保护力度，从而实现对知识产权的保护。

五、结语

作为公益性非营利文化机构，博物馆与其他知识产权主体从本质上有着很大的区别，博物馆的公益性和非营利性与知识产权的私有性让

博物馆知识产权问题具有其特殊性。随着近些年来国家对知识产权相关制度的不断完善与发展，我国博物馆也开始逐步认识并重视起知识产权在开展业务工作当中所起到的关键作用，从而开始不断加强知识产权的保护力度。一旦发生侵权事件，博物馆应当本着为社会服务的宗旨，积极协商，友好解决，最终实现博物馆知识产权保护以提高博物馆服务水平，推动博物馆发展与社会进步为目的，从而促进博物馆事业的发展与繁荣。

温思琦（北京古代建筑博物馆陈列保管部　馆员）

浅谈博物馆如何
做好意识形态工作

◎黄潇

意识形态工作关乎旗帜、关乎道路、关乎国家政治安全。党的十九大报告指出，"意识形态决定文化前进方向和发展道路"，"要牢牢掌握意识形态工作领导权"，这为我们做好新形势下意识形态工作提供了根本遵循。作为宣扬和传承中华优秀传统文化阵地的博物馆，同样也是意识形态工作的重要阵地之一，因此我们应该要在保障意识形态安全的基础上，切实履行好壮大主流思想文化的责任，推出高品质的展览，聚焦社会教育特别是青少年教育，开展丰富多彩的文化活动，开发特色鲜明的文创产品，满足人们的精神文明需求，宣扬和传承中华优秀传统文化，不断坚定国人的道路自信、理论自信、制度自信、文化自信，提升国家的凝聚力、向心力。

一、意识形态工作的
极端重要性及其面临的风险挑战

（一）意识形态工作的极端重要性

意识形态，即系统地、自觉地反映社会经济形态和政治制度的思想体系，是社会意识诸形式中构成思想上层建筑的部分，表现在政治、法律、道德、哲学、艺术、宗教等形式中。一定的社会意识形态是一定的社会存在的反映，并随着社会存在的变化或迟或早地发生变化。社会意识形态具有相对独立性：它对社会的发展起巨大的能动作用；有自身的发展规律，具有历史继承性；它的发展同经济发展并不总是平衡的，有时经济上相对落后的国家在思想领域会超过当时经济上先进的国家。

自从阶级产生以后，意识形态具有阶级性。[①]

习近平总书记指出："能否做好意识形态工作，事关党的前途命运，事关国家长治久安，事关民族凝聚力和向心力。"历史和现实反复证明，只有物质文明和精神文明建设都搞好，国家物质力量和精神力量都增加，中国特色社会主义事业才能顺利向前推进。巩固执政基础，不能说只要群众物质生活好就可以了，精神上丧失群众基础，最后也要出问题。一个政权的瓦解，往往是从思想领域开始的，政治动荡、政权更迭可能在一夜之间发生，但思想演化是个长期过程，思想防线被攻破了，其他防线就很难守住。

（二）意识形态领域面临的风险挑战

随着社会主义市场经济的发展，国家综合国力和人民生活水平不断提高，但与此同时，市场存在自身弱点和的消极方面、等价交换等原则反映和进入到人们的精神生活中来，拜金主义、享乐主义、极端个人主义在一定范围滋长蔓延，道德失范、唯利是图、低俗庸俗媚俗等行为现象屡屡突破公序良俗底线，对弘扬社会主流思想道德和价值观念产生了消极影响。此外，随着我国经济社会深刻变革，人们的思想更加活跃，独立性、选择性、多变形、差异性显著增强，各种思想多样杂陈，意识形态领域多元思想文化相互交流交融交锋，已是一种客观存在，主流意识形态与多样化的社会思潮长期并存、相互激荡趋势更加显著，引领社会思潮、凝聚思潮共识的任务艰巨繁重。

新媒体的飞速发展是发展主流意识形态遇到的最大挑战之一。互联网日益成为人们特别是年轻一代获取信息的主要途径，网络舆论直接影响着人们的思想观念和价值取向。随着新媒体的飞速发展，国际国内、线上线下、虚拟现实、体制外体制内等界限愈益模糊，构成了越来越复杂的大舆论场。主流媒体主导作用受到巨大冲击，网络往往成为负面舆情发酵、错误思想传播的策源地和放大器，大大增加了舆论引导和内容管理难度。

---

① 摘自《现代汉语词典》第 6 版，商务印刷馆，2012，第 1546 页。

二、围绕博物馆各项中心工作，严守意识形态关

作为向公众提供公共文化服务的窗口，博物馆在开放和运行过程中，由于它的开放性，面临着许多意识形态安全方面的风险，我们需要在日常工作中，把牢意识形态关，以更有力的领导、更有效的举措，加强对展览、讲座、论坛、对外文化交流和网上舆论阵地等的管理，谨防异见人士利用博物馆的名称、场地、网络平台等发言发声，造成不良影响。而当遇到突发事件时，要及时妥善处理，防止问题发酵扩大，力争将影响降到最低。

（一）加强阵地管理，保障意识形态安全

博物馆做好意识形态工作，关键在"人"。最基本也最重要的是要使全馆工作人员充分认识到意识形态工作的极端重要性，进而增强做好意识形态工作的责任感和使命感，增强各负其责、共同履责的思想自觉和行动自觉，此外，还要通过学习和教育，提高工作人员的政治鉴别力和政治敏锐性，保持政治清醒和政治定力，不断增强做好意识形态工作的能力和本领，切实做到守土有责、守土尽责、守土负责。

在展览展示方面，举办各类展览展示活动前，要按照《博物馆条例》规定，认真审查陈列展览主题、展品说明、讲解词等全部内容，杜绝违反宪法法律法规的内容，杜绝宣扬西方宪政民主、"普世价值"、公民社会、新自由主义、西方新闻观、历史虚无主义等的内容，杜绝质疑改革开放、质疑中国特色社会主义性质的内容。在展览过程中严格监督，不得擅自更改经审查确定的内容。

在文化活动方面，举办各类讲座、论坛、报告会、研讨会及其他内部交流和对外交流活动时，须提前认真核实活动信息，严格审查活动主题及内容，特别是主要参加者的身份信息。

在对外宣传方面，严格把关接待媒体的导向，严格审查宣传报道的主题和内容，杜绝政治性问题和导向性问题；网站和新媒体的建设运营要把意识形态安全放在重要位置，把责任落实到人，确保不出现涉网络意识形态事件。统筹博物馆网络安全和信息化建设，加强平台管控和技术防控，严防黑客攻击和病毒侵扰，确保官方网站等重要网上宣传平台牢牢掌握在博物馆手中。

（二）妥善处理涉意识形态事件和敏感突发舆情

在举办各类对外展览展示活动、文化活动时，要有相关负责领导在现场把关，并组织安保力量维护现场秩序，遇到突发情况时，如公开发表否定中国特色社会主义制度、破坏民族团结、违反宪法法律法规等言论，要迅速分析研判，在向上级部门报告的同时，及时表明立场，拿出态度，做出反应，迅速稳定现场局面，安抚观众情绪，防止问题发酵扩大。如在网上发现涉及博物馆的负面舆情、突发舆情，要立即向上级单位报告，同时向辖区网信办报告并协调处置办法。

三、发挥博物馆文化资源优势，
大力弘扬中华传统文化，坚定文化自信

主流思想文化状况决定着国家意识形态的基本面貌。要发挥博物馆文化资源优势，大力推进中国特色社会主义和中国梦宣传教育，大力弘扬中华优秀传统文化和传统美德，把社会主义核心价值观融入主题宣传和社会教育各个环节各个方面，讲好文物背后的故事，用富有韵味的展陈和丰富多彩的活动传承历史文脉，不断坚定国人道路自信、理论自信、制度自信、文化自信。

（一）发掘文化内涵，打造高质量的展览

陈列展览是博物馆开展公共文化服务的直接载体以博物馆最核心的文化产品，它是博物馆发挥自身社会教育职能的基础。如果没有主题陈列将一件件文物串联起来，观众看到的只是一个个古老、精美的器物，很难了解到文物背后蕴含的文化，"让文物活起来"就是要通过文物来讲故事，讲出中华优秀传统文化的历史渊源、发展脉络、基本走向，而这一切就都需要博物馆陈列来实现。通过主题鲜明、制作精良、体验友好的展览讲好"中国故事"，展示中华文化的独特创造、价值理念、鲜明特色，以此来增强国人的文化自信。

（二）聚焦青少年教育，让博物馆真正成为学生的"第二课堂"

习近平总书记强调，要切实把社会主义核心价值观贯穿于社会生

活方方面面。要从娃娃抓起、从学校抓起，做到进教材、进课堂、进头脑。要润物细无声，运用各类文化形式，生动具体地表现社会主义核心价值观，用高质量高水平的作品形象地告诉人们什么是真善美，什么是假恶丑，什么是值得肯定和赞扬的，什么是必须反对和否定的。对青少年的教育，正是博物馆社会教育中最核心的内容，博物馆正在逐步成为学生的"第二课堂"。在博物馆内，除了传统的讲解外，很多博物馆都会根据不同的展览，开发了针对不同年龄段青少年的学习手册，通过设置生动有趣的问题，增强参观的互动性，激发青少年观众对展览的兴趣以及对展览内容的思考，并可以引导他们在参观结束后，深入了解和学习相关知识。走出博物馆，博物馆带着自身的文化走进校园，开展专门的课程，让学生系统、深入地感知中华优秀传统文化的魅力，增强他们的文化自信。

以北京古代建筑博物馆为例，在馆内开展互动体验课程，通过斗拱拼插、彩画绘制等内容，让参与其中的学生感知中国传统建筑魅力，体会精湛的古建筑技术。由于以往开展互动体验课程并没有固定的场地，为更好地接待越来越多来馆活动的学生团体，馆内目前正在打造专门的活动教室；在馆外，直接将互动体验课程带入学校，已走进过北京史家小学、河北省邢台县河古庙中心小学等多所学校，让学生在课堂中就能学习和体验到中国传统建筑文化。又如，将巡展"华夏神工"及榫卯互动项目带到中国矿业大学附中，参加学校举办的"创客校园 绿色科技"首届科技嘉年华活动，使学生和家长在学校里就可以近距离体会中国古代建筑的神奇魅力，感受中国古代匠师的智慧与创造力。

（三）开展丰富多彩文化活动，充实公众业余文化生活

对于大多数博物馆来说，在拥有文化资源的同时，还拥有着场地资源。以古建筑为馆址的博物馆通常具有园林般的环境与一定可利用的场地，而新建现代建筑之内的博物馆，通常也有会有广阔的大厅或是广场，这些皆可以成为博物馆依托自身文化内涵，开展丰富多彩文化活动的场地，或是与其他文化机构合作，成为为公众提供文化休闲场地的不二之选。

如北京古代建筑博物馆因地处先农坛，为宣传明清皇家祭祀礼仪，传承敬农重农、珍惜粮食的美好情操，在清明节前后举办"敬农文化节"，再现清代帝王祭祀先农神以及亲耕的礼仪，除了观众参观外，还

会邀请周边社区居民和学生参与其中，种植五谷，领会古人敬畏之心、农人耕种的辛劳。又如，孔庙和国子监博物馆在孔庙崇圣祠推出《大成礼乐展演》项目，除冬季（11月30日至次年3月5日）和恶劣天气外，每天为观众呈现一台好看好懂的节目，真正让观众感受到礼乐的"肃穆、庄重、典雅、含蓄、和谐、纯正"之美，感受到中国传统文化的精髓，感受到孔子思想的时代精神。每年举办国学文化节，在博物馆内开展拜师礼、"释奠礼"、国学文化大师系列讲座等，通过"国学展示""国学交流""国学体验""国学传播"等主题活动，为大众奉上国学饕餮盛宴。

（四）开发独具匠心的文创产品，把博物馆"带回家"

近年来，伴随着博物馆文创产品文化品位和生产工艺的不断提升，特别是开发思路的不断创新，在加之新媒体飞速发展的助推，博物馆文创产品越来越受到大家的关注，一些"网红"文创产品受到热捧，时常会卖断货，逛文创商店也逐渐成为参观博物馆的必要行程之一。与此同时，国家也释放了一系列政策红利，推动博物馆文创产品开发。面对这一大好形势，博物馆更应该冷静下来，不是盲目追求开发出产品以赶上"潮流"，而是要专注于深入挖掘与利用自身的文化"基因"，在"创"上面下功夫，结合自身特色，设计开发出独具匠心、有独特文化印迹的产品，避免粗放同质、创意不足的文创产品充斥市场，消耗公众对文创产品的热情与喜爱。文创产品的开发与推广，在保证经济效益的同时，更应该追求的是社会效应，满足公众的文化消费需求，实现大家把博物馆带回家的愿望，从而扩展博物馆影响的广度和深度，更好地实现博物馆的宗旨。

四、总结

面对当前意识形态领域错综复杂的形式，作为意识形态工作的重要阵地之一的博物馆，在新时代"要牢牢把握意识形态工作领导权，建设具有强大凝聚力和引领力的社会意识形态"这一目标任务的指引下，围绕博物馆各项中心工作，以更有利的领导、更有效的举措，把牢意识形态关，避免涉意识形态事件的发生。更重要的是，充分发挥自身的职能，推出高品质的展览，聚焦社会教育特别是青少年教育，开展丰富多彩的文化活动，开发特色鲜明的文创产品，满足人们的精神文明需求，宣扬和传承中华优秀传统文化，弘扬主旋律，传播正能量，引导人们树立和坚持正确的历史观、国家观、文化观，增强做中国人的骨气和底气，不断坚定道路自信、理论自信、制度自信、文化自信，提升国家的凝聚力、向心力。

黄潇（北京古代建筑博物馆人事保卫部　中级人力资源师）

浅谈如何提高博物馆藏品工作

◎凌琳

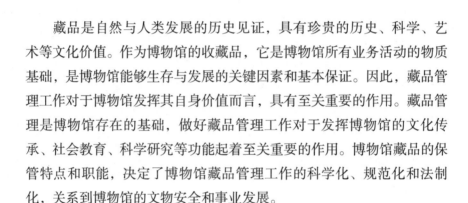
藏品是自然与人类发展的历史见证，具有珍贵的历史、科学、艺术等文化价值。作为博物馆的收藏品，它是博物馆所有业务活动的物质基础，是博物馆能够生存与发展的关键因素和基本保证。因此，藏品管理工作对于博物馆发挥其自身价值而言，具有至关重要的作用。藏品管理是博物馆存在的基础，做好藏品管理工作对于发挥博物馆的文化传承、社会教育、科学研究等功能起着至关重要的作用。博物馆藏品的保管特点和职能，决定了博物馆藏品管理工作的科学化、规范化和法制化，关系到博物馆的文物安全和事业发展。

随着我国综合国力的增强和人民精神文化生活需求的增长，我国博物馆事业迎来了前所未有的大发展。博物馆的数量与种类越来越多，藏品越来越丰富，在这种情况下，博物馆藏品管理工作面临的新情况与新问题也呈增加的发展趋势。尤其是中小型博物馆，它们的软、硬条件均不如大型博物馆，难以应对新时期对博物馆提出的更高要求，逐渐呈现出各种问题。探究中小型博物馆藏品保管措施不科学的原因，除了受制于库房面积和设备条件外，与藏品管理工作人员本身也有关系。一是人员紧缺。由于人员编制较少，许多中小型博物馆存在保管员不足的情况，有些保管员往往一人多职，无法专注于更科学地做好藏品保管工作。二是专业素质欠佳。博物馆藏品保管水平的高低一定程度上取决于保管员专业素质的高低，在中小型博物馆中，人力资源普遍存在资源配置不合理的问题，保管员专业素质较低，知识老化，对文物进行科学保管的意识和能力不够强。另外除了保管人员本身的问题外，在制度上也有需要提高的地方，制定相应的保管制度，以促进馆藏文物的安全规范保管。

建立博物馆藏品安全保管工作制度，是规范博物馆藏品安全保管工作，促进博物馆文物事业发展的基础。只有建立健全了文物藏品的各项安全管理制度，才能在实际工作中结合《博物馆藏品管理办法》中的管理程序，做好每一件文物从入库接收、鉴选、登记到编目、制档要经过的多个程序。才能依照《博物馆藏品管理办法》中所规定的做到：账目清楚、鉴定确切、编目详明、保管妥善、查用方便，才能使博物馆藏品保管工作做到有法可依、有章可循。

首先制定博物馆藏品安全保管制度要结合实际，制度的内容要具体明确，科学合理、严肃认真，符合实际。其次，博物馆的藏品安全保管工作制度也是非常重要的，这些制度应该包含以下内容：文物出入库登记制度、文物库房管理制度、博物馆藏品核查制度、文物藏品库房温湿度记录制度、文物防虫防霉消毒制度、文物库房门锁及保险柜钥匙管理制度、文物藏品安全保密制度、文物库房进出人员登记制度、文物藏品管理奖惩制度等。第三，这些安保制度的制定一定要利于对博物馆藏品的管理和利用，也可以促进博物馆藏品管理人员认真履行职责，保质保量做好文物藏品安全保管工作。

在加强制度的基础上要加强文物法律法规学习，培养博物馆藏品保管工作人员的良好职业道德。随着社会的进步、时代的变迁，人们的思想普遍发生了巨大的变化，各种各样的观念和思潮纷纷涌来，人们的价值观和思维方式、思想观念都受到了未曾料想的的冲击。再有近年来对文物垂涎的犯罪分子蠢蠢欲动，致使馆藏文物的失窃的事情也经常发生，如震惊世人的"河北承德外八庙自盗案"和"江西景德镇博物馆藏品保管人员自盗案"，都是其中具有典型警示的案件。因此，国内的博物馆在自身建立健全博物馆藏品的安保制度的时候，千万要注意博物馆藏品保管人员的监管和个人素质的提高，对他们应具备或要加强如下方面素质的培养：一是加强培养博物馆藏品保管人员的主人翁责任感和敬业爱业职业精神，培养他们热爱文物藏品保管工作，树立良好的服务思想，把藏品保管作为一项事业来追求。二是博物馆藏品保管人员应充分认识馆藏文物保管工作的价值和意义，并要养成虚心好学的态度，努力钻研业务的精神，勤于职守情操，恪尽职守的品格，培养他们克服一切困难，尽自己最大努力，保护好国家的珍贵文物。三是博物馆藏品保管人员要廉洁奉公，恪尽职守，做到洁身自律，不利用职权私藏藏文物，拒绝参与倒卖文非法活动，不利用职务之便，占用、私吞、转租、转让文物给其他人。四是要严格保守博物馆藏品机密，禁止不经请示就公开文物藏品的重要信息和文物资料，要随时提高警惕，保持和公安机关的密切联系，发现文物被盗、被抢或丢失，要及时与公安机关取得联系，不让犯罪分子有机可乘，全力保护文物的安全。五是在藏品保管工作中严格按照规定执行，防止文物遭到损毁或失窃，如发现文物损毁或数量减少的情况，要及时和上级部门汇报，防止事态扩大。六是藏品保管人员要注重实事求是，不可弄虚作假，保证文物的数据材料真实性、可靠性，核实检查文物时严禁虚报谎报。

保管工作人员在加强职业道德的同时，也要加强博物馆藏品保管业务知识学习，提高文物藏品管理工作技能。博物馆的专业人员，特别是专业技术人员都是博物馆文物事业发展的宝贵人才资源，博物馆事业的生存和发展在某种程度上是由人才资源的素质决定的。因此，博物馆的工作人员，特别是专业技术人员要不断地学习专业知识和业务技能，以提高自身的业务素质和工作能力，在业务上充分发挥个人的能动性和创造性，不断积极开拓进取，与时代发展步伐同步，及时应对社会发展过程中出现的新情况和新问题，找出解决办法。随着科学技术的发展、计算机网络技术的进步，文物藏品管理信息化建设刻不容缓，管理信息化可以极大地提高了藏品保管工作效率，也能为广大群众提供优质服务。国家文物局为了搞好博物馆藏品的信息化管理工作，发布了《博物馆藏品信息指标规范（试行）》和《博物馆藏品二维影像技术规范（试行）》，这项规定要求藏品保管人员要具有自身过硬的本领，具有文物鉴定、修复和保管等方面的专业知识同时，还要学会运用现代科学技术手段对藏品信息进行采集和收录，利用信息资源的优势，实现数字化存储、网络化传输、电脑化管控，这样就会实现博物馆资源共享。因此，博物馆藏品保管人员肩负重大使命，肩负时代的使命感和社会的责任感，拓展思想，更新观念，积极进取，开拓创新，不断开创博物馆藏品安保工作的新局面。对于社会发展中出现新形势、新观念、新要求，新方法，博物馆工作人员要面对现实，要学会掌握新知识，熟悉新方法，积累新经验，增长新本领。时刻注意按照客观规律办事的同时，要探索藏品安全管理新办法，改变以往文物藏品管理中的不良习气，要学会处理在藏品安全管理和保管过程中所不断出现的问题，开创造性地做好博物馆藏品安全保管工作，把博物馆藏品保管工作规范化、标准化推上一个新台阶。

凌琳（北京古代建筑博物馆陈列保管部　馆员）

遗址类博物馆信息化建设的应用
——以北京古代建筑博物馆为例

◎闫涛

遗址类博物馆作为博物馆的重要组成部分，有着独特的陈列条件和形式，其建筑本身就是珍贵的历史遗存，具有高度的文物及历史价值。观众可以在观看展览的同时，欣赏建筑，是参观环境最有韵味的一类博物馆。而这一类博物馆的发展和建设也是难度较高的，因为既要建设展览，还要保护建筑，两者平衡起来是不容易的，有很多限制条件。信息化技术正是打破这诸多限制的最有效办法，也是遗址类博物馆未来发展的重要趋势。

随着网络技术的迅猛进步，智能移动终端的爆发式发展，信息化迎来了重要的历史发展节点，对传统博物馆行业的发展带来了重大机遇。博物馆的信息化进程近年来有了长足的发展，正在由一个辅助展览的定位逐步成为博物馆综合建设的重要助力，并且将对博物馆未来的发展建设起着引领作用。

一、博物馆信息化建设的重要意义

伴随着社会的发展，观众的参观需求也在不断的发生变化，促使作为传统文化传承重要阵地的博物馆不断调整自身职能和发展模式，宣传和教育成为了博物馆工作的重点。为了更好地完成新的职能，适应观众需求，博物馆近年来逐步发展成为社会科技的先锋，将信息技术作为博物馆发展的重要依托。

北京古代建筑博物馆作为典型的遗址类博物馆，在保护先农坛古建群落同时，将展览陈列于古建当中，使博物馆的展示内容同古建筑本身高度融合。不同于现代场馆的博物馆，古建筑中举办展览，本身的限制比较多，展线空间不足，展示手段需要兼顾古建保护，展厅空间无法充分利用的问题，无法为观众提供像现代建筑博物馆一样便利的参观环境和互动体验空间。观众虽然可以获得更好的参观氛围，却也牺牲了部分参观体验。特别是近年来亲子游的增加，青少年逐步成为博物馆观众的主力，也是博物馆教育职能的重要服务对象，对参观内容、互动体验和参观环境都提出了更高的要求。同时，随着智能移动终端的普及和网络技术的发展，带来的观众生活习惯的变化，也促使博物馆建设不断探索，勇于尝试新的技术来努力适应新的发展模式。

二、博物馆信息化建设的工作应用

信息化技术在博物馆的各项工作中已经展开了种类丰富的应用，并且取得了良好的效果，已经成为北京古代建筑博物馆工作不可或缺的技术手段。

（一）日常办公信息化

遗址类博物馆为了更好地保护古建筑群落，不破坏整体景观效果，办公场所比较分散，条件较差，统筹办公环境建设困难度高。数字化办公既是现代化办公的发展趋势，也是符合实际办公条件要求的。北京古代建筑博物馆注重办公的数字化建设，努力营造良好的数字化整体环境，合理配备数字终端设备，实现高速的有线和无线网络办公区域全覆盖，电子设备的网络化使用和管理也全面展开。无纸化办公、数字化存档、数字会议系统、数字化工作影像记录、多种网上办公系统的使用，已经逐步成为北京古代建筑博物馆的办公模式。

（二）服务接待信息化

博物馆的服务接待要不断适应观众的需求，符合观众的生活习惯。随着手机智能化程度不断提高和功能愈加丰富，观众更愿意使用手机来购票、导览参观，这对博物馆的服务接待方式、开放空间的信息化建设提出了更新的要求。

1.票务系统网络化

北京古代建筑博物馆已经开通了了网上购票渠道，在保留传统窗口服务模式的基础上，着力推广网络化购票服务。窗口购票的限制比较多，效率比较低，同时观众出门更习惯手机支付而不带现金，也会在窗口购票时不便利。网络购票为观众参观节省了时间和精力，提高了博物馆的接待效率。

2. 开放空间无线网络覆盖

网络环境是博物馆各项信息化工作开展的基础。北京古代建筑博物馆利用自身网络资源，在展厅空间实现了无线网络全面覆盖，同时在院落开放环境中也实现了部分覆盖。观众可以通过无线网络方便的使用博物馆的信息化应用，提升了参观的便利性。

3. 导览讲解系统 APP 应用

北京古代建筑博物馆现行的导览讲解系统为三种模式，分别是人员讲解、语音导览机、智能 APP 导览讲解系统。其中智能 APP 导览开发了两套系统，面向不同的观众群体。一套系统面向全体观众，内容全面；一套系统主要针对青少年观众，设计中增强了互动体验项目，界面更加清新。智能 APP 导览系统针对移动终端传播导览开发，能够同时实现导览和讲解服务，具有可视化程度强，容纳内容多，具有互动性、使用便利的特点。应用载体是观众自带的手机，在博物馆提供的无线环境下免费使用，观众在体验到便利的同时更可以根据自身需求获取针对性更强的信息。

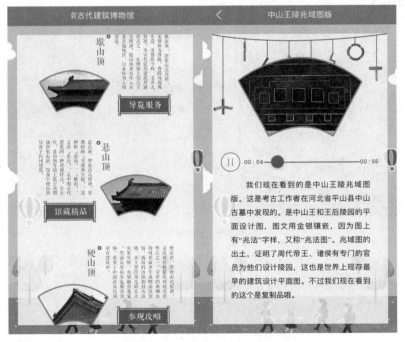

智能 APP 导览讲解系统青少年版

（三）展览展示信息化

北京古代建筑博物馆的展览陈列于先农坛古建筑之内，所以在展示手段和展线空间上比较受限制，很难通过传统手法展现完整古建技艺的魅力。通过信息化的技术手段，在扩展展线空间的同时，丰富了展示手法，打破了古建展厅的多重限制，活跃了参观氛围，为观众提供了更好的参观体验。

《中国古代建筑展》和《先农坛历史文化展》是两个开放的基本陈列，分别展出于太岁殿院落和神厨院落中。另有两个临时展厅，不定期陈列建筑专题为主的临时展览。

1.展览中的信息化应用

（1）视频短片的应用

通过拍摄先农坛的介绍短片，在一进展厅的位置，给观众以最直观的印象，对即将展开的参观有一个综合的印象，也激发了探索的欲望。

先农坛介绍短片

在讲述先农坛的发展变迁中，通过涵盖整个先农坛历史变化的短片，让观众在最短时间内了解先农坛的今与昔。

先农坛发展变迁短片

　　讲述中国古代建筑发展历程部分，通过一部精心制作的"明清余辉"的短片来讲述明清两代的建筑辉煌成就，视觉化的展示，直观而富于感染力。

明清余辉短片

　　展示建筑技艺部分，在讲述金砖烧制工艺的时候，去苏州实地拍摄了金砖的生产过程，制作成视频短片，将金砖复杂的烧制工艺完整地呈现在观众面前。通过观看，观众可以了解到澄浆泥烧制成的方砖为何谓之金砖，造价为何昂贵。视频的形式远比图文效果直观、丰富，更容易让人留下印象，避免了教科书式的知识讲授。

金砖制作工艺短片

（2）沙盘投影

在展示中国古代城市规划部分，依托已有的1949年北京城沙盘，打造了声光电相结合的立体展示多媒体设备，通过不同的追光效果和与之相配合的视频讲解，把北京城的建城、发展史鲜活地展现在了观众的面前。

城市沙盘多媒体

（3）广告机的应用

建筑本身的展示是有一定难度的，因为建筑本身只有身临其境的时候才能感受到他的震撼和精美，通过另一个空间去展示建筑就需要最大限度的提供可视素材，尽可能还原建筑本身的魅力。但是，古建精彩实例多，展线的长度有限，无法详尽展示。北京古代建筑博物馆通过广告机来丰富图片的展示数量和展示种类，既节省空间又不受内容数量的限制。广告机技术简单、成本低，显示效果好，改换显示内容便捷，随时更新，可以说是流动的"展线"。

广告机应用

（4）触摸屏互动

北京古代建筑博物馆在展厅中应用了大量的触摸屏来丰富展览形式和加强观众互动。通过触摸屏来展示古建文化，展示古建筑结构，打造古建筑知识游戏，更好地展示古建文化。触摸屏游戏的模式让观众互动中学到了古建知识，这种更富趣味性的展览形式有效地吸引了观众注意力，特别是青少年观众，符合他们好"动"的特点。

触摸屏互动游戏

同时，通过触摸屏的形式配合重点展品展示，使观众可以了解到展示中无法详尽讲述的内容，扩展了知识容量。

触摸屏互动知识

（5）金墓360度浏览系统

北京古代建筑博物馆展线上有一座山西曲沃东韩村金墓的完整展示，该墓是一座金代仿木结构砖雕墓，距今已有800年历史。由于是整体结构，异常珍贵，采取了相对封闭式的保护性展示，这就意味着观众无法详尽看到内部精彩结构和精美雕饰。为此，博物馆特意设计制作了360度无死角全景观看系统，通过触摸屏的操作，让观众可以浏览到墓室内部的全部结构和雕饰，既保护了古墓又达到了展示效果。

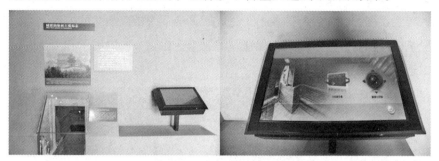

金墓360度无死角全景观看系统

（6）木材展示系统

木结构是中国古建筑的特点和精华之一，因此了解各种木头的属性和用途是建筑文化展示的重要组成部分。北京古代建筑博物馆选取了有代表性的木材，通过实物木材和电脑互动操作讲解相结合的方式进行了展示。制作了小的木头滑块，配合着电脑显示，当观众把某一名字的木头滑块划过特定位置时，电脑屏幕就会显现出该木头的属性和图片，以及详细的说明文字。这就在有限的空间中展示了更多的内容，同时避免了把木材罗列，然后简单贴说明文字的单调表现形式。

古建木材展示系统

（7）灯光技术的应用

灯光对于博物馆的展示效果和观众的参观感受有着重要的影响，是一个博物馆的基础展览设施建设的重要组成部分。灯光可以营造良好的参观氛围，并通过特殊效果来完成展览展示中难以表达的内涵，使得展览变得更有意蕴。北京古代建筑博物馆在古建中窗的展示和园林展示中运用了图案灯光增强效果。

灯光技术应用

（8）平面展示方式数字化

《先农坛历史文化展》中通过对清雍正帝先农坛亲祭和亲耕两幅图画的展示，展现清代先农坛皇家祭祀的完整过程。在展柜中两幅图原大复制品的上方对应的墙上，通过一套4屏幕电视墙，以等比例尺寸展示画作内容。通过四幕全屏、分屏、二维三维动画、环境实景视屏、静态图像等以分段式主题诠释的手法呈现画面的视觉内容，向观众剖析细节，表现纪实画作与现今环境的今昔对照。

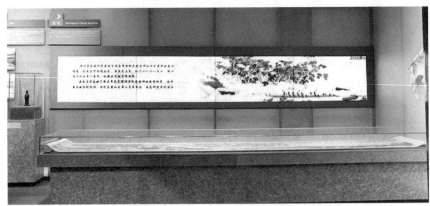

平面图片数字化展示

（9）VR技术展览中的应用

虚拟现实，简称VR，是一种可以创建和体验虚拟世界的计算机仿真系统的技术。它生成一种模拟环境，利用多源信息融合的交互式三维动态视景和实体行为的系统仿真使用户沉浸到该环境中，具有浸入感、交互性和构想性三个特性。随着近年来虚拟现实头戴显示器设备的快速发展和VR技术的应用普及，博物馆的VR体验正在逐步普及当中。主要方式为沉浸式全景观看，通过VR眼镜盒子，来提供某一场景或展品的360度无死角观看，将很多无法全方位展示的场景或者展品，生动地展现给观众。

展览中的VR技术应用

2.博物馆虚拟漫游系统的应用

虚拟漫游，是虚拟现实技术的重要分支，是由一系列的场景链接在一起组成的虚拟现实，北京古代建筑博物馆建设的是真实建筑场景的虚拟漫游，特点是被漫游的对象是已客观真实存在着的，漫游对象制作是基于对象的真实数据。围绕先农坛古建筑群落和《中国古代建筑展》，打造了一套虚拟漫游系统，观众可以在网络上体验，观看到博物馆的建筑风貌、展厅的原貌以及重点展品的介绍。

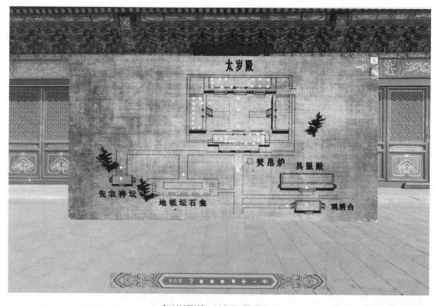

虚拟漫游系统导览界面

虚拟漫游系统展品展示界面

　　虚拟漫游系统就是把博物馆整体数字化了，使博物馆本身由一个不可移动的固定场所转变为可以灵活应用的数字载体，是实体展览展示的有益补充。博物馆的展示不再受时间和空间的限制，通过虚拟漫游系统，观众可以随时、随地浏览展览，即使不能亲身来到博物馆亦可以对博物馆进行虚拟参观，降低了参观的门槛，为不方便到博物馆参观的观众提供了一个接触博物馆的途径。

3. 信息化丰富博物馆展示空间

博物馆的展示并不局限于展览展线之上，博物馆的每一个角落都可以充分利用起来，作为博物馆展示的窗口。北京古代建筑博物馆充分利用场馆内的各种空间，将多功能厅的屋顶改造成为 LED 拼接屏数字展示系统，将博物馆的古建元素图案或者重点展品投射到屋顶上，在美化空间的同时，提供了一个全新的展示空间，效果惊艳。

多功能厅 LED 展示系统

（四）科普活动信息化

北京古代建筑博物馆作为科普教育基地，爱国主义教育基地，面向青少年传播古建知识，弘扬优秀传统文化是重要职责，因此会在日常社教工作中开展大量科普教育活动。为了实现更好的效果并适应青少年的使用习惯，逐步推行了信息化建设。

1. 数字化预约

博物馆内举办活动或者到校园、社区等地方举办活动，根据性质的不同是对观众人数有不同要求的，部分活动针对性强、设立特定目标观众群体需要提前预约。北京古代建筑博物馆现阶段活动预约方式为线上和线下相结合，未来将逐步转化为纯线上模式。通过手机 APP 程序或者微信程序可以进行便捷的报名，同时也利于统计和管理。

2. 数字化教育

北京古代建筑博物馆的科普活动主要围绕古建技艺主题或者传统文化知识的传播。古建主题活动中有大量动手互动项目，比如斗拱、榫卯的拼搭、彩画填色、牌楼模型拼搭等。内容虽然传统，但是形式在逐步增加信息化配合，动手操作之前首先是知识的讲授，这部分工作已经完全数字化了。而动手互动体验中，开始应用数字互动，通过手机 APP 程序，制作 AR 活动体验项目，在拼搭斗拱、榫卯时，通过手机对图片的扫描识别，呈现三维动画的拼搭过程演示。数字化的引入丰富了活动体验的模式，也使得博物馆更有针对性地开发活动内容。

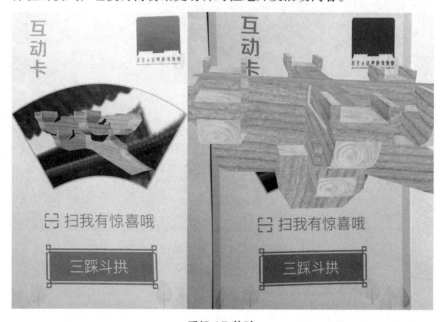

手机 AR 体验

（五）博物馆数字化传播

博物馆作为宣传教育的机构，需要尽可能地扩大影响力，进而达到传播文化的效果。随着网络技术的普及和发展，信息化宣传手段已经成为博物馆宣传的主要途径，但是伴随着技术的进步和人们生活习惯的变化，也在丰富着形式。北京古代建筑博物馆在宣传上始终坚持对信息技术的应用，保持着对前沿科技的敏感性。

最先应用的网站，这是大部分博物馆最先采用的信息化宣传手段，在一段时期内也是唯一手段。博物馆网站宣传有其独特性和优势，发展时间较早，技术较成熟，容纳的内容和形式都很自由，现阶段依然同各种宣传手段并存，但是其存在技术支持复杂，专业性强，运营维护困难，需要较多费用投入等问题。

官方网站

网站发展之后，北京古代建筑博物馆在微博兴起的第一时间建设了新浪微博，成为较早的微博宣传使用者。微博的特点是图文并茂，内容简短，表达随意性强，时效性强，可以互动等。博物馆利用微博作为传统宣传手段的一种创新，将微博打造成为展示自己和服务观众的新平台。相对于传统网站，微博运营难度低、成本低、方便互动。

北京古代建筑博物馆官方微博

随着人们的日常生活对手机和网络的依赖越来越重，北京古代建筑博物馆顺应发展的潮流，开通了微信宣传模式。微信相对于微博来说，具备更强的社交功能，日常的使用频率也更高，时效性更强，具有更大的传播优势。同时微信主要使用通过手机，更便于分享，用户的"黏性"也更强，宣传效果更好。

"祭先农植五谷 播撒文明在天桥"文化活动在北京古代建筑博物馆举行

2018-04-03 古建馆 北京古代建筑博物馆

4月3日上午，由中共北京市西城区委天桥街道工作委员会、北京市西城区人民政府天桥街道办事处主办，天桥民俗文化协会承办，北京古代建筑博物馆、北京育才学校协办的"祭先农植五谷 播撒文明在天桥"文化活动在北京古代建筑博物馆举行。

北京古代建筑博物馆官方微信

特色活动网上直播，目前北京古代建筑博物馆已经开展了数场网上直播活动，将特色科普活动和国际博物馆日活动进行了实时的线上直播。作为一种新兴的、活跃程度非常高的传播手段，特别受年轻人欢迎，也很适合成为博物馆的展示平台，效果良好。

网络直播

三、博物馆信息化建设的文保应用

北京古代建筑博物馆在弘扬古建文化的同时承担着对先农坛古建筑和文物的保护职责，目前信息技术已经成为文保的重要手段，配合传统修缮技艺共同维护着古建安全。

（一）古建筑保护研究信息化

1. 古建筑木结构检测

古建筑特有的木结构本身是对长时间保护和修缮的巨大挑战，很多损坏过程是不可逆的，通过信息化技术手段，可以在不破坏或者最小程度影响现有木结构的前提下，进行古建筑木结构无损检测，为保护与修缮起到重要作用。

北京古代建筑博物馆同北京市古代建筑研究所合作，进行了系列研究和检测，取得了良好的效果。分别通过微钻阻力仪和应力波扫描仪进行了检测。前者微型探针在电机驱动下以恒定速度刺入木材内部，根据刺入过程所受的木材相对阻力，判定木材内部缺陷；后者通过检测应力波在木材内部的传播时间，经波速计算并进行矩阵变换和图像重构后，以二维彩色图像直观地显示木材内部缺陷。

微钻阻力仪检测

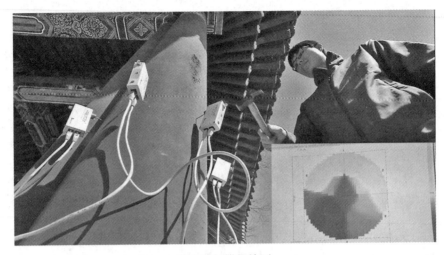

应力波扫描仪检测

2. 古建筑三维激光扫描

先农坛古建筑群落具有非常珍贵的文物及历史价值，历经不同年代多次修缮，已同历史原貌有一定的差异。为了更好地记录下建筑准确的数据，并为修缮与利用做好准备，北京古代建筑博物馆同北京建筑大学合作，对太岁殿院落的古建进行了三维激光扫描。三维扫描技术精确记录建筑的资料，是测绘领域一次技术革命，具有高效率、高精度的独特优势，被称为实景复制技术。扫描的成果在资料性保存后，被制作成可视化的互动体验项目，将太岁殿的搭建过程游戏化，使观众在互动过程中了解古建筑的建造过程。

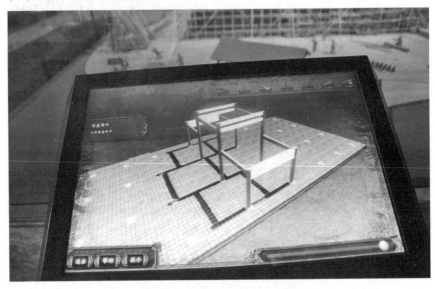

建筑三维激光扫描成果互动游戏

3. 古建保护修缮及规划的信息化

北京古代建筑博物馆对先农坛古建筑的保护从建馆伊始就作为最重要的工作之一，现阶段已经实现保护修缮全面数字化。先农坛的保护规划是一个整体而复杂的计划，要想恢复先农坛历史风貌需要很长的时间和巨大的努力，数字影像就担负起了整个发展进程中记录的重任，把先农坛区实际情况和发展变化忠实地记录下来。通过卫星影像技术，可以直观而全面的看到先农坛整个坛区的现状，先农坛坛区占地面积很大，无法更好地利用别的手段完整记录，而通过卫星影像技术，便捷又效果好。但是卫星毕竟达不到相当的精细也无法做到深入其间，这时配合着数字影像技术，就可以互相补充和互做说明了。

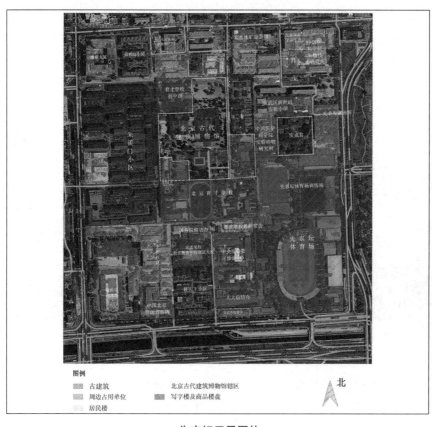

先农坛卫星图片

（二）博物馆文物数字化保护利用

博物馆的文物信息资源数字化程度越来越高，统一了标准，也为数据的利用创造了良好的基础。文物多维度多媒体信息采集与加工、文物知识图谱、文物信息动态著录与数据交换、文物数字化资源管理、智慧化文物藏品管理等，逐步开展。精确的数字资料是对文物的忠实记录，也是对文物的有效保护，特别是现有技术手段难以完整保护，以及容易发生自然损耗的文物。通过数字资料可以进行研究，更可以应用到展示当中，减少了文物损坏的几率。

（三）古建筑文化传承信息化

1. 古建筑影像记录

先农坛的影像资料并不是很丰富，特别是在成立北京古代建筑博物馆前的时间，只有少量的老照片和部分现状照片，不够系统、全面，导致研究先农坛的历史发展变化缺乏有效的影像资料。影像不仅仅是记录完成时的状态，更应记录整个的发展变化过程，例如在修缮的过程中，可以看到建筑的本来面貌和平日难得一见的部分结构。

北京古代建筑博物馆成立以来对先农坛古建筑进行了多次修缮，对于近年来的历次修缮，都进行了详尽的影像记录，为先农坛的保护研究提供了大量的资料。

先农坛历次修缮图片

2. 口述历史传承文化

传统建筑的保护并不仅仅是对建筑本身的保护，也是对建筑技艺的保护，更是建筑文化的保护。口述历史的形式是目前最适合开展的保护、传承建筑技艺、文化的方式，也是最符合建筑文化特征的记录手段。北京古代建筑博物馆近年来开展了以四合院建筑记忆、文化为主题的展览，并通过口述历史的形式，寻找在四合院建筑技艺方面和文化传承、民俗方面的专家展开访谈，专家的口述既充实了展览的内容，又丰富了展览的形式，对传统建筑技艺和文化的传承做出了一定的贡献。

四、博物馆信息化建设的发展思考

随着信息化技术在博物馆建设中日益重要，智慧博物馆的概念被提出，将信息化的应用从单一化、局部化向整体服务博物馆发展过渡。文物要"活"起来，博物馆建设也要"活"起来，而信息化技术就是让博物馆"活"起来的实现手段。

（一）先农坛古建筑历史风貌的虚拟复原展示

伴随着先农坛即将迎来建设 600 周年纪念的重要时间节点和中轴线申遗的重大契机，推进坛区历史风貌复原成为了未来北京古代建筑博物馆的重点工作。为了更好地展现先农坛的历史风貌，可以采用数字技术进行不同历史时期的虚拟复原，在推进古建研究、保护中，在宣传传统文化上发挥重要作用。

（二）信息化更加细致提升观众参观感受和便利

目前，北京古代建筑博物馆的信息化技术服务还不够全面，没有形成完整的系统化模式，今后要在展厅展线信息管理上进一步探索更好的技术手段。作为遗址类博物馆，展厅的灯光运用非常的讲究，要在尽量保证参观效果的同时对建筑影响小，这是一件很难平衡的事情，打造博物馆智能照明将是今后发展的一项重要工作。随着观众对博物馆信息化需求和依赖程度的不断加深，未来要将信息化的服务更多地体现在服务观众体验上面，营造更加便利和完善的参观氛围。

（三）大数据技术服务博物馆建设

北京古代建筑博物馆未来将在大数据服务建设和观众参观上加强应用。观众接待服务数字化管理、观众参观大数据记录分析、人工智能服务、博物馆智能查询、智慧讲解等方面都需要逐步开展建设。进一步推进互联网＋社交分享服务，丰富观众同博物馆交流的平台，同时对于观众到馆参观的硬件服务要更加智能化。

（四）数字化流动博物馆服务

博物馆走出去的模式现阶段相对来说比较传统，都是实物形式的展览。传统模式虽然有其独特的优势，但也存在一定不足，受条件的限制较多，需要反复维护，耗时耗力。将博物馆的资源优势，打造成数字化形式传播出去，不受时间和空间的限制，可以制作更多内容和反复利用，便于更新，是一种高效的模式，也是北京古代建筑博物馆未来需要发展的方向。

（五）数字化文化创意产品开发

博物馆的文化传播需要一定的载体，更好地实现效果，现阶段的博物馆文化创意产品开发主要停留在实物产品。北京古代建筑博物馆近年来的文化创意产品取得了长足的发展，围绕丰富的古建筑主题元素开发了一系列优秀的产品，但是没有数字化的产品，这也是博物馆未来建设的一个方向，要将数字化延伸到博物馆的每一个工作领域。

（六）数字化跨界合作创新博物馆建设

博物馆文化是多元的，文化的传承也需要全方位、多角度地开展，结合不同领域的艺术表达手段来服务博物馆建设是未来博物馆创新发展的一条新思路，引入更多的跨界元素，丰富文化的表达，吸引到更多的关注。

（七）博物馆信息化人才的培养

博物馆的信息化最终是要通过具体的工作人员来实现，要重视信息化人才的培养。博物馆行业信息化建设有着其独特的要求，不仅仅局限于单纯的信息技术，因此博物馆的信息化人才需要多维度培养。只有博物馆具备一支有技术、有经验、有热情的信息化人才队伍，才能将博物馆信息化事业不断推向新的高度。

信息化建设是遗址类博物馆未来发展的趋势，也是平衡古建保护和陈列展览、科普活动、观众服务的最有效手段。同时，是传播文化范围最广、实效性最强、效果最好的方式。近年来北京古代建筑博物馆的信息化工作实践，进一步证明了信息化技术对于遗址类博物馆发展建设的重要作用。现今博物馆承担了越来越重要的教育职能，承担着传承优秀传统文化的重任，更是青少年学习的第二课堂，是培养孩子兴趣点的启迪之所在。博物馆不再仅仅停留在凭借资源优势就可以完成发展任务的阶段了，在吸引观众和传播文化上拼的是服务，是创新，而信息化最大的特点就是"新"，永远有新鲜感。博物馆的信息化建设虽然已将逐步发展起来，并且得到了行业的重视，但距离最终的建设目标——智慧博物馆，还是有很大的差距，需要博物馆人不断努力，不断开阔视野，拓展发展思路。不能将信息化仅仅定位成博物馆的建设手段，而要成为博物馆发展的一种标准，一种模式，依靠它唤起博物馆这一传统行业全新的活力。

闫涛（北京古代建筑博物馆社教与信息部　馆员）

探索博物馆知识产权保护与文化创意的发展

◎周海荣

为进一步深入贯彻国务院《关于文化文物单位文化创意产品开发的若干意见》，落实北京市委、市政府《印发〈关于推进文化创意产业创新发展的意见〉的通知》精神，推动北京地区博物馆文创开发工作。北京市文物局于 2018 年 8 月举办了北京地区博物馆文创开发培训班，会议邀请文化创意产业促进中心领导解读政策文件，及行业博物馆代表分享经验，邀请中国版权保护中心专家就博物馆文创与版权保护的关系进行授课。笔者作为北京古代建筑博物馆的代表，有幸参加了此次培训，通过培训，对博物馆文创产业的发展和知识产权保护有了一些初步思考。

随着社会的进步，博物馆事业不断发展，逐步完成了以收藏、研究、展示为主的基本业务向满足公众文化消费需求的转化。国务院陆续出台《关于推进文化创意和设计服务与相关产业融合发展的若干意见》《博物馆条例》《国务院进一步加强文物工作的指导意见》和《国务院办公厅转发文化部等部门关于推动文化文物单位文化创意产品开发若干意见的通知》等系列文件，明确了文化创意产业的性质、定位，为文化文物单位文化创意产品开发工作助力护航，标志着文化创意和设计服务与相关产业融合发展已经成为国家战略。党的十九大将"激发全民族文化创新创造活力"放在了重要位置，并且明确提出要推动文化事业和文化产业的发展，创意设计产业作为文化产业的重要组成部分，更加注重创意的内核价值，更加关注以人为本的设计理念，在公众文化建设服务中发挥着重要作用。

一、博物馆文创开发的现状

近年来，在国家大力支持促进文化文物单位进行文创开发、推动"文物活起来"的背景下，鼓励博物馆开展文化创意产业，全国各地很多博物馆院都跃跃一试，纷纷开展文化创意产业，本着以人为本的理念，从服务公众的需求出发，积极开设新部门开展文创开发工作，开发具有本馆自身特色的文创产品，为公众提供多元化服务。

（一）博物馆文创开发的形式

大体上可以归纳为五种：

1. 自行开发：由博物馆以自负盈亏方式，独立开展，商品的设计亦是由博物馆内部人员主导，由博物馆自身承担所有的开发经费与销售风险。

2. 代销：由馆外厂商自行提出文创产品的完整构想，并送交博物馆进行审核，为博物馆所接受和认可的产品则可由厂商出资开发制作。博物馆与厂商签订合同约定权利义务，于博物馆内专门商店或柜台出售文创产品，此种方式可大幅降低博物馆所支付的经费以及销售过程中的风险。选取这种方式的博物馆几乎都是人流量非常大的博物馆，厂商投入费用可在短期内回收，因此风险略小。

3. 与厂商合作开发：在文创产品设计构思阶段，厂商即与博物馆方进行合作，就博物馆所欲开发商品之展出文物或展示等，进行沟通和讨论后始敲定方案。由双方合作确定产品构想的落实，由厂商出资开发制作，博物馆与之签订合同约定权利义务，于博物馆内专门商店或柜台出售。该方式与代销较为类似，但博物馆方参与的程度较高，且可大幅降低博物馆所支付的经费以及销售中的潜在风险。

4. 艺术授权：主要以博物馆丰富独特的艺术藏品为基础。例如，故宫博物院、恭王府博物馆、国家博物馆等将其典藏品授权给厂商使用，市面上所销售的产品包装上可印有该博物馆信息及图案，销售渠道不仅仅在博物馆内销售，可选择在博物馆以外的市场销售，在营销策略上投入大量精力，利用博物馆的热点和宣传，可以收到意想不到的效果。

对博物馆而言，此四种文创产品开发模式是因时因地制宜的，根据不同的需要采取相应的对策，如合办展览时，采用第三种合作模式。

当没有充裕经费和人力，但又需要开发文创产品时，第二种不妨为明智选择。而当厂商对于博物馆典藏品的商业价值表示浓厚合作兴趣时，即采取第四种艺术授权模式加以合作，而授权这一方式正在被更多的博物馆考虑。

（二）博物馆文创工作存在的问题

博物馆文创产业虽然发展很快，取得了一些成就，但就整体文创产业的发展而言还存在很多问题，限制着文创产业的发展。

1. 体制不顺，部门之间缺乏协调

虽然出台了很多政策，但一些基层管理部门对文化文物单位能不能搞文创产品开发认识还不统一，有的地方还以"公益一类单位不能搞经营"为由叫停，导致目前不少地方仍未能有实质性开展。出台的这些政策多源自文化文物部门，而博物馆大多为公益类事业单位，受管理体制的制约，开展文化创意产品开发、经营管理这一带有市场化经营性质的公共服务活动还需要与人事、财政、编办、国资、工商、税务等部位多方协作，引入市场机制才可能使博物馆的文创产品经营管理活动走上轨，但实际工作中博物馆设立为公众服务的经营实体难度非常大。不仅如此，既有的经营实体也大多因体量较小，经济效益不佳，在事业单位所办企业清理规范工作中属于合并注销范围，博物馆开展文创产品开发经营活动在体制上还有很大困难。

2. 文创经费不足

文创开发需要启动资金，而且是具有风险的投资项目，博物馆经费预算的限制较大，博物院单独开发、投资成系列、大批量的文创产品并不太可能。在国内有一些博物馆都是采取上述第二种、第三种与企业合作，把资源拿出来，博物馆不必投资，而是由公司来投资生产，双方进行分成合作，但这仅限于与少数人流量大的博物馆。对于大量中小型博物馆，由于游客少，购买能力弱，产品投产就可能成为库存，投入的费用不知道哪一天能够挣回本钱，更别提盈利了，风险较高，难以形成良性循环，投资商很少会选择这类的博物馆。此外，博物馆文创产品开发还需要面对品种多样和大库存的问题，若品种单一、创意不佳也会造成销售下降、资金回流不畅的问题。所以，博物馆独自去做文创产品开发是很困难的。

3. 专业人员不足

除了经费的问题，没有专业人员也是在博物馆内文创工作遇到的问题。大部分博物馆都是事业单位，每个人员都有固定的岗位，多从事展览研究教育相关工作，文创开发经营活的设计、营销、管理人员几乎没有。而文创产品的开发、经营活动是非常系统、专业的，需要专业的市场运作，需要专业团队的运作。需要一批团队人员，如开发设计、对外联系生产制作人员、销售人员等，这些都是市场化的运营管理，如果以事业编制进入到博物馆，没有奖励机制，商业的运作在博物馆发挥不出作用，没有销售，利润不佳，文创产业的社会、经济效益难以实现。博物馆文化创意产品开发人才的不足，尤其是创意研发、经营管理、营销推广人才紧缺是制约文创开发工作的重要因素。

4. 奖励机制不完善

首先，按照事业单位分类改革政策、公益一类单位在开办企业、收入分配、奖励机制等方面有很多限制。文化文物单位自身管理与激励机制不健全和现行的财务审计制度，导致很多单位无法建立合理的分配和激励机制。试点意见中明确要有好的激励机制，国家文物局也明确表示可以拿出创造性效益的 50% 作为奖励和激励。但目前财政和审计等部门在年度审计过程中，都认为公益性事业单位有需经报审的年终绩效定额和工资总额控制，原则上不允许超出。发放创造性劳动奖励原则上属于违规行为，市场化的文创开发经营竞争十分激烈，多劳并不多得，激励机制无法落地，博物馆和开发经营人的工作积极性没有充分调动起来。博物馆作为公益一类事业单位，但实际上在具体人员管理方面是基本参照公务员管理制度，具有诸多制约，如办企业、干部管理、出国管理、办公用房等，难以尝试股份制企业试点，实际开展工作并不灵活，各种限制导致文创工作发展缓慢。在这样的现状下，博物馆开展文化创意产品开发的积极性无法充分体现。

上述问题涉及部门之间的管理体制问题，一时难以解决，博物馆的文创产品开发经营活动该如何发展呢？这种情况下加强博物馆知识产权保护和品牌宣传，通过授权的形式寻求与社会外部力量的深度合作将大有可为。不仅节约博物馆在文创产业上人财物的投入，而且能够进一步激活文创产业社会领域投资活力。

二、开展新模式推动博物馆知识产权授权，促进博物馆文创产品开发

目前，博物馆的文创开发工作热情高，但深入实际中并不是十分顺畅，各种原因导致文创开发不温不火，需要转变以往的开发模式，做好知识产权保护及品牌宣传，通过授权形式，与市场对接，找到适用于博物馆现状的文创产品开发经营的新渠道、新模式，值得探索。

文创产业需要不断地摸索，不断尝试和推进。博物馆不能够盲目地开发文创产品，要从根本出发，针对博物馆的自身特点，根据市场需求，把具有开发价值优势文化资源推出去。文物藏品做好知识产权保护和品牌推广，是博物馆最需要解决的问题。目前，国内博物馆文创产品与知识产权保护还没有受到应有的重视。近几年，博物馆行业引发的著作权、商标权、专利权等知识产权侵权纠纷不断，逐渐加深了业内对该问题的关注。

当前，博物馆要充分了解博物馆涉及到的相关法律文件，文化元素的版权保护和授权的意义。通过知识产权保护，更好地梳理盘活馆藏和版权等有形或无形资产。同时，文创产品经营管理人员更应牢固树立知识产权保护意识，每一件产品的设计都应涉及馆藏元素和介质，以免造成博物馆资源的损失。

版权作为创意设计企业的核心生产要素，在创意和设计实现商品化运作的过程中发挥着重要的作用。围绕创意设计进行产品的研发生产，实际上就是将版权转化为商品并实现其经济功能的具体体现。除创意设计自身的衍生产品外，优秀的创意设计与实体商品的结合，能够丰富商品的内涵和外延，将情感元素注入商品中，从而激活新的市场需求，产生新的经济效益，由此可见版权的有效开发应用之创意设计产业具有重要的意义。

2017 年底，由北京市文物局和中国版权保护中心搭建平台——北京文博衍生品孵化中心成立，"北京文博衍生品创新孵化中心"是北京市文物局与中国版权保护中心共同打造的，推动北京博物馆文创产品开发和文化产业发展的公共服务平台。平台深入挖掘北京博物馆资源，围绕文物的历史、艺术及科学研究内涵，推进文物与科技、金融、旅游、时尚、会展等产业融合，创新资源利用方式，引领文化产业示范区发

展，助力首都全国文化中心建设。"北京文博衍生品创新孵化中心"将为全市博物馆、纪念馆，提供创意集成和产品转化支撑服务；积极帮助文博单位降低其衍生品设计、开发、生产和销售方面的资金、人力投入；通过政策扶持、设计开发、版权保护、授权生产、经营管理及模式创新等配套服务，为利用科技手段，推进文博单位文创产品开发，提供强有力的技术支持。

知识产权保护可以确保博物馆知识传播、信息共享和文化产品与服务经营行为的规范性与合理性，保护博物馆的公众形象不受侵犯与滥用，避免粗制滥造的文博产品扰乱市场，同样也可以促进博物馆与社会力量的实现合作共赢，保障创作者的权益，激发文博产品的创作热情。因此博物馆应重视知识产权保护，为博物馆公共事业发展提供宝贵资源。

（一）知识产权概念

知识产权，英文为 intellectual property，近年来常使用英文缩写 IP 指代知识产权。知识产权是指人类智力劳动产生的智力劳动成果所有权，它是依照各国法律赋予符合条件的著作者、发明者或成果拥有者在一定期限内享有的独占权利，一般认为它包括版权（著作权）和工业产权。版权（著作权）是指创作文学、艺术和科学作品的作者及其他著作权人依法对其作品所享有的人身权利和财产权利的总称，工业产权则是指包括发明专利、实用新型专利、外观设计专利、商标、服务标记、厂商名称、货源名称或原产地名称等在内的权利人享有的独占性权利。

博物馆的知识产权是指博物馆在科技、文化、艺术、工商等领域内，基于其智力成果和工商业标记等依法产生的权利。2007 年，国际博物馆协会（ICOM）通过决议，支持世界知识产权组织（WIPO）及相关组织实施新的公约来保护世界传统文化表现与传统知识的相关权利人的集体精神权利，同年 WIPO 发布了《博物馆知识产权管理指南》，主要针对信息时代的特点，论述如何通过对知识产权的使用与保护，加强和改进博物馆对藏品的管理与利用。该《指南》指出，知识产权在博物馆进行藏品的搜集、保护和管理工作中扮演者重要角色，特别是版权和商标权，在满足使用者需求过程中其重要性逐渐增长。有效地知识产权管理可以使博物馆利用网络，让其成为教育和交流的工具。

（二）博物馆的艺术授权

文物藏品实体承载的权利是物权，附着于影像资源上的权利则是知识产权，主要是版权。博物馆拥有丰富的文物典藏，是文化资源的重要聚集中心，为文化创意产品的开发设计提供了得天独厚的资源优势。博物馆的资源除了文物藏品实体资源以外，文物藏品影像的数字资源和文化衍生品设计也是不可忽略的重要的无形资产，它与文物藏品这一有形资产共同构成博物馆财产的重要组成部分。馆藏品进行信息采集、存储、加工，并形成新的数字化信息资源，即文物藏品的数字影像、文化创意衍生品设计等，在知识产权领域主要涉及到的是版权（也称著作权）。博物馆版权管理包括：博物馆藏品的摄影图像、录音及出版、视听音像作品、以 CD 或者网络传播为媒介的多媒体产品、印刷形式或者电子出版形式的出版物。工业设计管理包括：博物馆根据藏品自行设计产品，或者委托他人制作设计产品，都是作为商业发展创作产品的方式。

博物馆艺术授权是以博物馆藏品等所体现的文化艺术内涵为依托的授权标的物知识产权的授权体系，授权标的物主要来自博物馆藏品、商标、建筑等通过数字化形成的图像、文字、标识、声音、影像，知识产权的生成和创造为授权标的物通过授权实现知识产权的权利转移奠定了基础。知识产权本身是无形的财产权，必须依附数字化后形成的文化艺术符号而存在。

狭义的博物馆艺术授权仅指针对博物馆艺术作品著作权的授权，即以数字化的文化艺术符号为授权标的物的授权，广义上的博物馆艺术授权还包括博物馆的品牌授权、出版授权、影音授权等授权类型。博物馆艺术授权有效连接了博物馆、社会公众、馆外企业、其他非营利组织，扩大了博物馆文化产业的发展空间，突破了相对线性化的发展路径。

（三）如何进行版权保护

博物馆内涉及的知识产权主要有著作权、专利权、商标权以及域名权等。

著作权主要是针对博物馆作品，包括相关的馆藏物品以及以电子载体或有形载体方式所呈现出来的摄影作品、出版物、多媒体产品、视听作品等依法享有的专有权利。博物馆的商标权指的是通过国家工商行政管理总局商标局注册的馆名、建筑物名称、展览名称、馆藏物品的形象等依法享有的专用权，商标是用来区别一个经营者的品牌或服务和其他经营者的商品或服务的标记。因此，为了保护博物馆的知识产权，博物馆应该进行商标注册，基于馆藏文物开发的博物馆文创产品或者博物馆授权开发、联合开发的文创产品，应该应用博物馆的注册商标，以保护博物馆的利益。博物馆注册商标的使用，代表着博物馆的信誉、形象和品质，增加了商品的附加值。同时，商标也具有竞争性，是参与市场竞争的工具。博物馆通过提高商标知名度，提高了博物馆商品或服务的竞争力。

博物馆专利权指的是博物馆获取专利的发明创造，如保存材料和工艺、文物修复技术、馆内设计、展览设施等方案享有专有权。

域名权是基于互联网域名所产生的，博物馆针对中英文域名依法享有使用、转让、变更与注销等权利。

博物馆知识产权的范围界定还属于新兴话题，现阶段的研究资料也十分有限。无论是博物馆自身，还是学术界，对于博物馆所涉及到的知识产权了解还不够深入，缺少系统的认识体系支撑。对于其涉及到的客体研究，能够明确保护对象与范围，不仅为管理、运用与保护博物馆相关知识产品权奠定基础，也有利于博物馆将自身的权利、义务和地位明确，在自身权益得以维护的同时，也可以防范他人知识产权侵犯行为的出现。

中国版权保护中心是国家级的版权公共服务机构，服务的对象是著作权人，包括个人和法人。在基础的著作权登记业务上，中国版权保护中心是国家级版权登记机构，是我国唯一的计算机软件著作权登记、著作权质权登记机构。博物馆可以通过中国版权保护中心做好版权保护，为博物馆文化创意产业保驾护航。

（四）版权保护需要注意的环节

进行版权保护要熟悉涉及到作品等一切程序和相关的知识，博物馆在版权保护上注意以下几个方面：

1. 作品形式

著作权法所称的作品，包括以下列形式创作的文学、艺术和自然科学、社会科学、工程技术等作品：（1）文字作品；（2）口述作品；（3）音乐、戏剧、曲艺、舞蹈、杂技艺术作品；（4）美术、建筑作品；（5）摄影作品；（6）电影作品和以类似摄制电影的方法创作的作品；（7）工程设计图、产品设计图、地图、示意图等图形作品和模型作品；（8）计算机软件；（9）法律、行政法规规定的其他作品。博物馆主要对应作品：（1）（4）（5）（6）（7）项。

2. 人身权及财产权

著作权包括下列人身权：发表权，即决定作品是否公之于众的权利；署名权，即表明作者身份，在作品上署名的权利；修改权，即修改或者授权他人修改作品的权利；保护作品完整权，即保护作品不受歪曲、篡改的权利；

著作权包括下列财产权：复制权、发行权、出租权、展览权、表演权、放映权、广播权、信息网络传播权、摄制权、改编权、翻译权、汇编权，应当由著作权人享有的其他权利。

3. 权利保护期

作者的署名权、修改权、保护作品完整权的保护期不受限制。

公民的作品，其发表权，《著作权》法第十条第一款第五项至第十七项规定的权利的保护期为作者终生及其死亡后五十年，截止于作者死亡后第五十年的 12 月 31 日；如果是合作作品，截止于最后死亡的作者死亡后第五十年的 12 月 31 日。

法人或者其他组织的作品、著作权（署名权除外）由法人或者其他组织享有的职务作品，其发表权，《著作权》第十条第一款第五项至第十七项规定的权利的保护期为五十年，截止于作品首次发表后第五十年的 12 月 31 日，但作品自创作完成后五十年内未发表的，不再保护。

4. 博物馆的知识产权作品有法人作品、职务作品、合作作品、委托作品、独自创作之分，还存在有特殊约定的捐赠作品。作品的创造者、占有者和知识产权所有者的三者却时常存在着错位，权利归属不一定一致。

合作作品：两人以上合作创作的作品，著作权由合作作者共同享有。没有参加创作的人，不能成为合作作者。

合作作品可以分割使用的，作者对各自创作的部分可以单独享有著作权，但行使著作权时不得侵犯合作作品整体的著作权。

一般职务作品：一般职务作品的著作权归作者享有，但单位有权在业务范围内优先使用该作品。

在作品完成两年内，未经单位同意，作者不得许可以与单位相同的方式使用作品。如果经单位同意，作者许可第三人以与单位相同的方式使用作品所获报酬，由作者与单位按约定的比例分配。

法人作品：由法人或者其他组织主持，代表法人或者其他组织意志创作，并由法人或者其他组织承担责任的作品，法人或者其他组织视为作者，法律、行政法规规定或者合同约定著作权由法人或者其他组织享有的职务作品。

（五）博物馆知识产权保护的意义

随着经济繁荣，文化越来越被重视，在博物馆内进行知识产权保护变得尤为重要。一方面，博物馆知识产权保护有利于保护博物馆的利益，有利于博物馆藏品的宣传和扩大博物馆的影响，实现博物馆的教育与文化功能。另一方面，基于馆藏进行的文创产品设计不仅宣传了博物馆的馆藏，扩大了博物馆的影响，同时，也能给博物馆带来相当的经济效益，实现社会效益和经济效益的共赢。

四、结语

博物馆丰富的文物资源使其成为了重要的文博 IP 孵化器，博物馆要提供多样化的公共文化产品与服务，利用好北京文博衍生品创新孵化中心的平台，博物馆与企业对接，馆内好的文化资源被更好地利用开发，投入市场，服务于社会。

文化的创新离不开创意设计产业，好的内容产品落地离不开版权的保护和开发运营。博物馆作为文化创意产业的重要组成部分，将版权服务与产业需求相结合，健全激励机制，推进产学研用结合，活跃版权交易，充分发挥版权要素在推动产业不断转型中的催化剂作用，将版权价值最大化，助力创意设计产业发展。

博物馆文创产品开发是基于特色馆藏资源的设计研发，针对观众消费群体需求进行博物馆资源的宣传和推广，是博物馆文化传播功能的重要附加，既能创造社会效益，又能创造经济效益。博物馆文创产品不仅可以将博物馆馆藏文物以更生活化、功能化、实用化和艺术化的形式与大众的生活紧密相连，满足大众的文化消费需求，也对馆藏文物的文化精神、历史意义、艺术价值等起到积极的传播作用，成为继承、发扬和创新传统文化的重要载体。

周海荣（北京古代建筑博物馆文创开发部　中级工艺美术师）

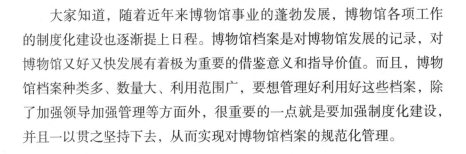
正视问题　强化措施
持之以恒抓好
博物馆档案管理制度化建设

◎周晶晶

大家知道，随着近年来博物馆事业的蓬勃发展，博物馆各项工作的制度化建设也逐渐提上日程。博物馆档案是对博物馆发展的记录，对博物馆又好又快发展有着极为重要的借鉴意义和指导价值。而且，博物馆档案种类多、数量大、利用范围广，要想管理好利用好这些档案，除了加强领导加强管理等方面外，很重要的一点就是要加强制度化建设，并且一以贯之坚持下去，从而实现对博物馆档案的规范化管理。

一、博物馆档案管理制度化建设尤为重要

（一）博物馆档案制度化建设有利于为博物馆的长期规划提供资料保障

博物馆在发展过程中积累了丰富的档案资料，有些保管在博物馆档案部门，有些则分散存于博物馆各个科室，这些档案资料是记录博物馆发展历程的珍贵历史资料，不仅对博物馆各项工作开展具有借鉴指导意义，更是博物馆事业健康发展的坚实基础。因此，博物馆档案资料整理工作对博物馆每个部门都十分重要。博物馆的档案制度化管理就是通过对档案的进一步整理，从而使博物馆的发展脉络更加清晰，使其现状一目了然，从而能够确定未来的发展方向，并提前做好准备。博物馆档案对于指导博物馆的科研工作、展览工作、安保工作及行政管理等各项事业的全面发展有着重要的作用，能够帮助博物馆工作者确定研究方

向，提供必要的依据和支持。制度化的档案管理简化了工作人员的寻找过程，体系化地呈现了各类参考资料，对于博物馆不同岗位的工作者研究相关领域的成果、存在问题以及尚未解决的难题具有极大的帮助和指导，引导其快速进入研究，可以减少过程中的弯路，促使其快速成才，加速博物馆工作研究的进程，从而促进博物馆事业的全面发展进步。

（二）博物馆档案制度化建设有利于真实地反映博物馆历史

可以说，保存档案是为了更好地利用档案。通常来讲，博物馆应最大限度、最大范围地利用档案资源，充分发挥档案作用。为了有效地实施管理，开展各项业务活动，往往需要借助于档案。无论是制订计划、研究案例、进行决策、总结经验，还是处理日常事务等，往往都需要查考相关的档案资料。我们知道，博物馆的各种档案是博物馆长期发展过程中一点一点留存下来的，非常宝贵，非常难得，它真实地反映了博物馆各方面的内容，是一个漫长的日积月累的过程。因此，博物馆档案的管理如果不能实现制度化，那么档案的连续性、真实性就无从谈起。博物馆档案的制度化管理能够使博物馆档案管理人员持之以恒地、长此以往地、系统地将档案分门别类，它能够真实地、系统地反映博物馆档案的历史和现状。因此可以说，博物馆档案工作制度化建设，可以进一步促进博物馆传统历史与现代文化的展现与传承，是博物馆历史的重要支撑，非常有利于反映博物馆的真实历史。

（三）博物馆档案制度化建设有利于推动博物馆各个部门业务工作水平的提高

从事过博物馆档案工作的同志都知道，博物馆档案工作制度化建设是开展其他业务工作的基础，而制度化建设实现后，档案管理也成为博物馆业务工作的重要组成部分。博物馆其他业务部门业务工作的开展均与档案管理有着密切的联系。博物馆内部各工作岗位以及人员的历史、奖惩、信息等均在档案中，博物馆内部管理和业务工作等都需要依据这些资料，而博物馆的各种展览则更加倚重博物馆真实的档案记录。可以说，博物馆档案的记录就是博物馆的发展史。各个业务部门的各种活动都需要借助、利用和学习这些经验，以便进一步提高博物馆全面建设的质量与水平。因此，博物馆档案管理具有非常重要的地位。而实现博物馆档案制度化管理，则可以使博物馆档案管理形成一种常态化的经常化状态，高效而且准确地反映历史信息，一代一代传下去，进一步提高各部门开展业务工作的能力和水平。

二、博物馆档案管理制度化建设问题多多

从我个人的实践经验感到，现阶段博物馆档案管理制度化建设过程中主要存在以下一些容易被人们忽视的问题。

（一）坚持制度化建设的意识还不够强

虽然大家也强调制度化建设，但是，依旧有很多单位没有认识到博物馆档案管理制度化建设的重要性，而是一味地追求档案管理的信息化、数字化。不可否认，档案管理的确需要借助于先进的科学技术，如计算机技术、信息技术、互联网技术等从而实现信息化、数字化的档案管理。但是相对来说，制度化的档案管理应当是数字化、信息化档案管理的前提条件，只有预先规范好各项档案管理工作，而后在按照相关标准落实各项档案管理工作中借助先进的技术手段，这样才能真正提高档案管理质量。如若没有落实制度化的档案管理，而直接落实信息化、数字化档案管理，那么档案管理将难以切合实际，真正发挥作用。

（二）坚持制度化规划与安排不够

通常情况下，正常的工作安排都有，但是个别单位对博物馆档案管理制度化建设工作的重视还不够，意识薄弱，监督力度不强，未能对博物馆档案管理制度化建设中所需的人、财、物和档案整理归档时间给予充分的保障，虽然各部门有专人负责档案管理工作，但真正把博物馆档案管理制度化建设作为博物馆的主要工作而形成有效机制来抓，在这方面还存在缺欠。个别单位还缺少博物馆档案管理制度化建设意识，没有运用制度化管理方法进行博物馆档案管理，缺少持续改进的管理承诺。一些单位的档案管理规定虽然明确了相关的流程与方法，对工作有一定的质量要求，但没有运用制度化建设系统的管理思想进行档案管理的统一规划与安排，档案工作人员往往在考虑自身责任的基础上，片面地追求归档的数量，而忽视了博物馆档案的制度化建设。

（三）档案管理的利用率低、质量差、检索效率不高

近年来的调查中，档案的管理质量与利用率上存在着差距，一是一些单位的档案分类明显合理性不足，在期限上的保管划分不够准确；有的注重文件的归档，对材料的归档重视性不够，还有个别的单位有着应归档的材料没有及时归档的现象。二是档案的信息化程度不高，没有统一的档案管理软件，而且档案检索工具单一，严重影响了档案管理质量，降低了档案利用效率。三是档案编制检索工具中出现了多却不精的现象。大家知道，档案的管理有手工检索和计算机检索两种检索方式。而在现如今，占有很大比重的是传统的手工检索。在手工检索的途径上，各个档案部门编制了不同形式的检索工具，从而导致了档案编制检索工具中出现了多却不精的现象。

三、博物馆档案管理制度化建设势在必行

基于目前的状况，主要应该采取以下措施。

（一）着眼于长远目标，持之以恒强化提高档案管理人员素质

从事过博物馆档案工作的同志都明白，实现档案管理的规范化和制度化建设，档案管理人员必须要具有较高的综合素质。一是要提高政治理论水平，要认真学习马克思列宁主义和毛泽东思想，认真学习习近平新时期中国特色社会主义思想，牢固树立"四个意识"，积极与党中央保持一致，遵章守纪，政治合格。有较强的政治责任心，并且要具有全心全意为人民服务的精神态度，要对档案管理事业具有较高的热情，能够积极主动地参与到档案管理工作中，从而保证档案管理工作的质量；二是要提高档案业务技能，过硬的业务水平是做好档案管理工作的基础和保证，因此，档案管理人员需要了解和掌握档案管理的理论知识，并全面熟悉档案保管的内容，还需要对档案相关法规做综合的了解，只有这样，档案管理的规范化和制度化才能够得到有效的提升；三是要提高学习能力，档案管理人员需要具有较高的文化素养和持续学习的能力，要能够在管理档案的过程中总结经验和教训，掌握好档案管理工作的规律，不断地学习最新的档案管理理论和技能，从而提升自身的

档案管理水平。另外，档案管理工作人员还需要具有敏锐的观察力和洞察力，善于观察，乐于助人，从而进一步提升档案的利用和服务质量。

（二）着眼于建章立制，持之以恒完善档案管理制度化建设原则

规章制度的进一步完善非常重要，档案工作制度化建设是以档案工作领域中的重复性的事物和概念为对象而制定或修订的各种标准的总称，它是档案工作中有关单位和个人应当遵守的共同准则和依据。档案管理实现制度化建设要确立以下四个原则：一是坚持全过程严格管理的原则。形成全员参与、全面控制、高效运转、不断改进的管理体制，克服以往管理中存在的基础管理弱化、内部协调不畅等问题，通过明确职责、规范程序、改进管理规范相关的管理活动和职责，理顺内部管理关系，使各个管理层面、各个操作过程、各个工作环节既相互制约又相互促进，达到管理科学化、系统化、规范化的要求。二是坚持全方位职责明确原则。综合考虑档案管理业务紧密相关的组织结构、程序、过程和资源等各方面的因素，明确档案管理过程的控制要求，建立一套预防和处理不符合要求的管理业务机制，在较大程度上解决档案管理中随意性较大等问题。三是坚持全时空服务至上原则。强化服务第一意识，丰富档案信息服务的内涵，改善档案管理机关和人员的形象。四是坚持全过程监督机制原则。确保各项制度的贯彻执行，使制度化管理落到实处。定期开展内部检查，对不符合档案制度要求的工作和做法开具不合格报告，及时纠正并落实整改。

（三）着眼于标准规范，持之以恒夯实博物馆档案管理制度化建设基础

制度化管理中的标准规范在强化档案管理工作的过程中尤为重要，它是做好博物馆档案管理制度化建设的基础工作。具体工作内容是：其一，要认真做好档案审批管理。也就是在制发公文的过程中，对公文签发手续、公文审批、公文标题设定、公文内容等相关方面进行详细的了解与检查，及时发现错误，及时纠正错误，保证公文完好、规范、标准。其二，要认真做好公文制发。公文作为档案的前身和基础，多数档案资料都是由公文转化而成的。所以，为了保证档案资料的规范化和制度化，应当加强对公文制发的监督与管理，从而提高公文制发的质量。

其三，要严格规范公文书写。为了保证公文规范和标准，在制发公文的过程中，应当按照制发公文的相关要求，采用标准的文种，并规范格式，确保公文内容准确无误，格式标准规范。

（四）着眼于全面普查，持之以恒抓好档案案卷清理工作

制度化管理工作包括方方面面，对案卷进行经常性地全面普查，而且形成制度是实现档案制度化管理的很重要的一项工作，主要原因是多年来相关管理部门大多对案卷的普查工作做得比较少，移交给档案保管部门的档案保管期限划分并不是很清晰；此外，有的案卷的格式和内容存在缺陷和不足，存在标题不规范的现象，甚至还存在未标注标题的问题，目录的排列和案卷的组卷也存在混乱的情况，因此案卷存在一定的重复率，其中还存在相当大一部分不具有保存价值的文件资料。因此，在档案制度化管理建设中，确保博物馆档案归档的时效性是非常重要的，这既可以保证博物馆档案的使用价值，也使得档案管理具有非常重要的现实意义和很重要的历史意义。当然，要想保证档案的时效性，还应当注意及时经常性地进行博物馆档案案卷的清理和检查，也就是在博物馆档案保管的过程中，应当结合博物馆档案文件的保管价值、作用及特征，采取更加进一步的适合的管理方式予以保管。而且，大家知道，在经过一段时间之后，还要经常性地对档案案卷进行再次清理检查，进一步确定没有价值的档案予以销毁，对于博物馆永久性保存价值的档案文件则需要进一步查看，确确实实确定档案案卷是否完整，保存是否良好，以此来保证博物馆档案的时效性特征。除此以外，还要进行博物馆档案的进一步普查，切实将那些不具有利用价值和保存价值的文件材料剔除掉，主要是为了避免存在重复归档的情况，从而避免影响博物馆档案管理的时效性。

（五）着眼于未来发展，持之以恒构建好电子档案数据库工作

博物馆档案管理制度化建设是一个系统性工程，其中，建立电子档案数据库是必不可少的。因为电子档案数据库的建立，可以将博物馆的档案以电子的方式存储，这样就可以保证博物馆档案的安全存放，而且能够保证博物馆档案的规范化、制度化，同时也为了今后进一步查阅或使用档案变得更加方便、快捷。那么，如何构建电子档案数据库、推

进规范化制度化的档案管理呢？主要是要进一步借助计算机技术、信息技术、互联网技术等，进一步构建电子档案管理数据库，进一步设置档案管理数据库的软硬盘，从而使其能够对博物馆档案进行快速收录、快速分类和快速存储，从而使博物馆档案管理更加规范更加有效。

（六）着眼于第三方管理，持之以恒完善博物馆档案制度化管理体系

根据许多单位的实践和经验，建议在博物馆档案管理制度化建设中引入第三方管理，引入现行最基础通用的 ISO9000、ISO9001 质量管理体系，因为它具有很强的通用性。世界上无论何种类型和规模的组织，其组织的各种活动只要有质量要求，一般都适合采用 ISO9000、ISO9001 质量管理体系。质量管理体系标准适用于社会各行各业，同样适用于博物馆档案管理领域。质量管理体系标准强调管理职责分明，各负其责；依照体系文件，以数据和事件为依据，最突出的特点就是预防为主，有始有终。具体主要应该抓好以下工作：一是整体筹划、全面实施。导入质量管理体系是一项系统性的工作，要前瞻性考虑并全局筹划，科学合理地确立博物馆档案管理制度化建设的质量方针和质量目标，形成一整套适合博物馆档案管理制度化建设工作实际的工作流程和与此相关的体系文件，力求做到指标科学明晰、标准规范统一、操作简便易行。二是科学规范、标准管理。导入质量管理体系是一项科学的规范性工作，应将国家行政管理法律、法规和有关文件融于质量管理体系之中，整合各部门工作职责，将管理要求转化为工作流程，形成完整的工作标准和制度、科学的工作流程和高效的工作方式，做到全员参与、全面规范、持续改进，实现博物馆档案管理制度化建设工作的科学化。三是求真务实、注重效能。导入质量管理体系是一项实践性工作，导入工作要在专业咨询机构指导下，本着实事求是的宗旨，立足于提高博物馆档案管理制度化建设管理和服务的质量和效率，按照 PDCA（策划、实施、检查、处置）模式要求，"写你所策划的，做你所写的，记你所做的，查你所记的，改你所错的"，不断强化绩效考核，使体系运行和实际工作紧密结合。而且根据博物馆档案管理制度化建设工作的需要允许对管理文件进行增减和修改，以保证管理文件的科学性、完善性和适用性。

综上所述，提高博物馆档案管理制度化建设水平，有利于提高档

案管理工作效率和质量，有利于促进对档案资料的合理开发和有效利用，有利于促进博物馆档案管理水平的全面提高，是博物馆建设发展中不可或缺的一项重要工作。

周晶晶（北京古代建筑博物馆文创开发部　档案馆员）

如何做好博物馆的讲解工作

◎陈晓艺

作为博物馆的社教工作者，讲解是我们是义不容辞的责任。这就要求我们做一个合格的讲解员，而讲解员应具有良好的思想品德与职业道德，遵守国家法律法规，有热爱祖国、热爱博物馆、纪念馆事业、热爱观众的情感品质，因为只有达到这样的条件，才能让讲解员树立起观众至上的理念，全心全意的为观众服务。北京古代建筑博物馆是一座古建专题类的博物馆，所以更要求我们具有良好的文化素质和知识修养，不仅自身要掌握丰富的古建类专业知识，同时要博览群书。接下来结合我的工作和大家分享一些我自己的讲解经验。

一、什么是讲解

讲解是以陈列为基础，运用科学的语言和其他辅助表达方式，将知识传递给观众的一种社会活动。讲解员是沟通博物馆、纪念馆与社会的桥梁和纽带，是博物馆、纪念馆的名片，讲解服务的质量和水平直接影响着观众的受教育和参观质量，影响着博物馆、纪念馆的窗口形象，甚至影响到一个地区和国家的形象，讲解员在博物馆、纪念馆社教事业中起着关键作用。

二、讲解员的基本礼仪

（一）仪容仪表

讲解员留给观众的第一印象非常重要，仪容仪表往往起主导作用，而且一个好的仪容仪表会让讲解员在讲解过程中更有信心。因此，讲解员的衣着要得体、整洁，体现庄重、知性、大方（最好有统一的工作服），佩戴工作牌，施淡妆，发型适合个人特征并与所处环境相协调。

同时，面对前来参观的观众，穿着工作服的讲解员就代表了纪念馆的形象，讲解员的言行举止要从容得体，做到微笑相迎。要相信，微笑是人类最美丽的语言，一个真诚、美好的微笑会给自己和他人带来愉快的一天。

（二）讲解语言规范亲切

讲解员在讲解时首先要做到讲，敢讲，大声讲。普通话要标准，声音洪亮，有欢迎语和结束语。在讲解时语气亲切自然，发音准确，语速均匀，音量适宜，吐字清晰，张弛有度。讲解内容规范，措辞准确、得体，经得起推敲（不讲年代、人物等不确定的内容），在讲解中避免"好像""可能""大约""一般"等字眼。应深刻理解并熟练掌握、灵活运用讲解内容，在讲解过程中可以通过加重语气、放慢语速等来烘托讲解内容。同时做到语言的风趣性，也就是轻松善意的幽默，这样会消除观众的疲劳。

（三）讲解姿势优雅庄重

1. 表情：讲解时表情要自然、大方、庄重，同时根据讲解内容面部表情要有准确而适度的变化，真实而恰当地表现讲解的内容，但切忌做出过于夸张的表情而显得矫揉造作。

2. 站姿：站立是讲解时最基本的姿势，"站有站相"是对一个人礼仪修养的基本要求，良好的站姿能衬托出美好的气质和风度。讲解员在站立时，要自然的挺胸收腹，身体与地面垂直，重心放在前脚掌，双肩放松，双臂自然下垂或在体前交叉。不宜将手插在口袋里，更不能下意识地做些小动作（掏耳朵、捋头发、挖鼻孔等），将手自然垂在裤线两侧，或者双手叠放在小腹位置。

3. 走姿：行走是讲解过程中的主要动作，是一种动态的美。在引导观众参观的过程中，怎样行走非常重要。讲解员在行走时，要注意步伐轻而稳，抬头挺胸，双肩放松，两眼平视，面带微笑，自然摆臂，同时注意保持与游客之间的距离，不能拉得太开。在陈列厅讲解时，讲解员要面对观众退步走或侧身面对观众行走。在室外讲解时，讲解员一般走在观众右侧中间靠前位置，把主道留给观众，身体微侧，避免背对观众。

4.目光：讲解时目光多用虚视法、环视法，眼光不能松散，切忌神游物外。可与观众进行一些视觉交流，眼神应自然、柔和、友善。讲解时目光平视，焦点尽量落在后面的观众，同时兼顾他人，这是最基本的礼仪，也能使自己精神更集中。

5.手势的运用：讲解时的指示手势要规范、适时、准确，做到眼到、口到、手到，简洁、协调，忌来回摆动、兰花指等。总之，讲解员在讲解过程中，应根据讲解内容在适当的时候适度地使用指示动作，切忌使用过重的肢体语言，过于做作而不合乎礼仪规范的要求。

（四）讲解时应注意的细节

1.因人施讲

对于讲解员来说，观众的年龄、地域、素质、文化层次、兴趣爱好等千差万别，他们来馆参观的目的也不同，这就要求讲解员在了解观众的信息，讲解行程的具体要求（包括在馆时间），通过讲解过程的观察等基础下，采用不同的讲解方式、讲解语言，对讲解词内容的主次进行取舍。这样观众既能领会主要的信息，讲解员也能避免体力不必要的消耗，兼顾每一批观众。当然，要注意取舍过程中不能影响讲解的主要内容。

2.适度沟通

讲解是讲解员与观众交流情感、传递知识的过程。随着社会的发展，观众需要的不只是简单的说教式讲解，而是要求讲解员在讲解过程中要多交流。因此，讲解员在讲解时，要善于引起观众的参观兴趣，有意识地创造一些情境，与游客适度交流，使讲解过程生动，从而融洽讲解员与游客的关系。比如，适当的提问，就能让参观的游客参与到讲解中，从而在观众的脑海中留下更为深刻的参观的印象。

3.及时帮助

在讲解过程中，要主动关心、帮助老人、小孩和有特殊需要的游客，主动提醒参观过程中的台阶，上、下楼梯以及通道狭窄的地段。答复游客提问或咨询，做到耐心细致，不急不躁，尽量有问必答（对回答不了的问题，致以歉意，表示下次再来时给予满意回答），但要本着"知之为知之，不知为不知"的原则，切忌瞎编乱造。

4.善意提醒

在讲解接待中，有时难免会遇到不太礼貌、不遵守参观文明的观众。这时，讲解员不要当众指责，更不能恶语伤人，可以旁敲侧击地做一些善意的提醒。

三、讲解的基本方法和步骤

（一）讲解的目的

在开始讲解之前一定要明确此次讲解的的目的是什么，也就是在观众获得相关的历史知识的同时，也能够感受到展览所带来的启发和震撼，又能在此次体验中能够得到更高的升华，只有明确了自己的目标才能更好地进行下一步工作。对于北京古代建筑博物馆来说，就是向大家科普中国古代建筑的历史和基本知识，同时介绍先农坛的历史文化。

（二）讲解的内容

讲解员的内容需要根据不同的展览而分别定制，作为讲解员要熟悉展览的内容，能够做到开发扩展展览的资源，同时对于上展文物要进行充分的了解。好的讲解词，不仅仅是面面俱到，还应该把握重点，用自己独特的创新方式讲解出来、

（三）讲解的步骤和方法

讲解包括前期对展览大纲的解读、形式设计的介绍、讲解词的撰写、语言和知识的总和、充分的练习和观众的反馈。讲解的过程中是知识和语言的有机结合，给予观众更多的知识，同时也给予他们更多的尊重。

四、如何写好讲解词

（一）什么是一篇好的讲解词

一篇好的讲解词应该满足以下要求：

1. 语言通顺口语化，句式适中，这样观众既听得懂也便于记忆，又不致因句子过短听起来不连贯，或因句子过长留给观众的反应时间短，使观众听不明白；

2.要考虑与展览版面的内容相配合，受展板面积和版式设计效果的限制，有些在展览中需要表述的内容无法在展板上表现出来，这就需要通过讲解来补充，同时又通过对形式设计的理解，更好地赋予展览新的活力，形成有空间氛围的效果。

3.改变对观众灌输式、教导式的讲解词，要注重讲解词的交流和传播作用，使观众在听过讲解之后，增加了对展品和历史背景的了解，增长了知识，要留给观众尽可能多的思维空间。

4.针对不同的群体要准备不同特点的讲解词，除对普通观众采用通用讲解词外，对少年儿童的讲解词则要避免生冷苦涩，语言浅显易懂，要增加叙事的故事情节，使他们便于接受同时增加趣味性，不至于枯燥无味。

（二）讲解具体内容和格式

1.问候：首先在讲解之前需要向大家表示欢迎和问候，同时进行自我介绍，如遇学生需要进行博物馆参观礼仪的说明。

2.总述：对展览的一个总的介绍，也就是展览大纲前言部分的内容提取。

3.分述：对于展览每个部分的详细介绍。

4.结尾：通过对展览结语的提炼，将展览在结尾处进行总结和升华。

五、讲解词示例

在北京古代建筑博物馆工作这四年来，基本陈列和临时展览的讲解我都涉及过，在2018年我被借调到首都博物馆讲解《畿辅通会——通州历史文化展》，所以在这里把《畿辅通会——通州历史文化展》的讲解词与大家分享。其实不同类别的博物馆，以及不同题材的展览，他们的讲解词都是互通的，掌握了基本的讲解词"格式"和展览的内容，就能很快地就能写出讲解词了。

示例1：《畿辅通会——通州历史文化展》讲解词

各位领导各位嘉宾大家好，欢迎您来到首都博物馆，今天我要为大家讲解的是《畿辅通会——通州历史文化展》。

我们在这里看到的"畿辅通会"四个字，结合了佛塔和帆船的元素，形象地向我们展现了通州，作为中国北方早期的政治、军事、交通中心，它具有丰富的文化内涵、以及重大的交通意义，而这里也即将成为北京行政副中心。接下来就请大家同我一起来探究通州的历史沿革和文化内涵。这里我们看到的诗句是清代王维珍为通州燃灯塔题的一首诗，其中"一枝塔影认通州"则表明了燃灯塔是通州的象征，而通州的历史也是十分久远的。

接下来我们来到了展览的第一部分——邈远时代。

通州位于华北平原的东北部，北京市的东南部。由于通州境内河流、沼泽众多，不适宜早期人类的生存，但是伴随着人类征服自然的能力逐渐提高，通州地区的文明才发展起来。通州早期的文化遗存可以追溯到新石器时代，在通州区宋庄镇菜园村、三间房、梨园镇半壁店村都出土了部分石器。宋庄镇菜园村还发现了细砂泥质灰褐陶鬲，它的年代属于商周，这表明商周时期通州地区就出现了人类活动并且开始从事农业的生产。

西周初年，召公封燕，燕文化逐渐成为北京地区的主流文化。1981年在中赵甫村发现了一座战国时期中型墓葬，发掘的 31 件文物中的鼎、豆、壶、盘、匜（yí）等为燕文化的典型器物。这里我们看到的几何纹铜敦就是在赵甫村发现的，所出土的墓穴为战国中晚期，对于研究燕的历史提供了有价值的资料。接下来我们看这件山云纹半瓦当，出土于通州区的潞河镇，瓦当是大型建筑的顶部构件，这表明当时在潞河镇已经开始出现大型的建筑了。而上面使用的是重峰山字纹和羊角涡纹，这种纹饰在春秋晚期至战国中期的燕国统治区内是盛行的，这种纹路的瓦当我们也叫它燕式瓦当，这种半瓦当比圆瓦当易于施工的安放和排水。

下面我们继续参观展览的第二部分——秦汉变局。

公元 211 年，秦始皇统一了六国，结束了春秋战国时期的混战局面，创立皇帝制度，在统治区域内推行郡县制。到了汉代，延续秦朝的制度，在通州地区设立了路县。2016 年，因为配合北京副中心的建设而进行了大规模考古发掘，发现了路县故城，这一工作被评为当年的十大考古发现。

在这里我们可以看到通州的沿革简表，西汉时期叫作路县；东汉时期改"路"为"潞"，潞县；辽代，在潞县的霍村镇设置了漷（huǒ）阴县；到了金代，潞县改名为通州；清顺治十六年（1659），因以往屡遭水患，民困役重，将漷县纳入通州直辖区域，从此，漷县作为县级行政区划在历史上消失；1914 年，通州改名通县，直至 1997 年通县改名为通州区。

（一）地史有名　其实在汉代汉高祖十二年（公元前 195 年），渔阳郡已设置有路县。"路"就是取自道路四通八达的意思，路县故城位于今天的通州区潞城镇胡各庄乡古城村的东北，城址平面近似方形，城总面积约 35 万平方米，城内还发现了一条南北向的明清时期的路面遗存和一条南北向的辽金时期的路面遗存。汉代路县故城城址保存较为完整，将会填补汉代县级城址考古的学术空白，因此，路县故城考古被评为 2016 年度全国十大考古新发现之一。在 2017 年初，出土的幽州郡潞县县丞艾演墓志，就是在西汉古城遗址旁边，也是证实了现在的通州潞城镇古城村就是位于西汉的路县故城。县丞是中国古代地方职官名，在县里地位一般仅次于县令，相当于现在的"副县长"。

旁边我们看到的就是路城考古发掘的文物。

这里有几组墓葬中的陶仓，这些就是根据现实生活中储存粮食的粮仓烧制的，通风口是防止粮食受潮腐烂，这个陶仓是倒梯形的，上宽下窄，仓壁上有这种衔环铺首，表现的就是东汉时期人们日常出行、劳作的场面。

陶釜，燕式釜，汉代，上面有绳纹。在材料中加入云母，房山区域内较多，增加陶器的耐磨系数，方便拿放，而且耐高温。

踏碓模型（陶俑），右衽开襟，右边的衣服系在里面，头上戴的是方形的帽子，这是汉人的服饰风格。表现了双人协作加工稻米的劳作场面，由此可见墓葬和现实生活中的场景几乎是一样的，这也体现的是汉人事死如事生的理念。

东汉印文砖，是墓葬中的铺地砖，边长 46 厘米，厚 7 厘米，保存完好，菱形纹间隔处上面印着"位公卿、乐未央、大吉昌"的吉祥话，在四角有钱币纹装饰。

"位至三公"铭铜镜，中间有铜纽，秦始皇统一中国后，实行中央集权，建立了以三公九卿为主的中央官制。铭文上的三公就是古代的官职，人们把追求高官厚禄，以达荣华富贵作为最高目标。汉代铜镜上位至三公是一种吉祥用语，但它又是当时人们的价值取向和社会观念的体现。铜镜（博局镜），博局，实际上就是古代六博的棋格，上有乳钉纹、规矩纹、四神（青龙、白虎、朱雀、玄武）图案，环铸铭文"汉有善铜出丹阳（江苏南部县级市），取之为镜清如明，左龙（右虎辟不祥）"。

（二）重镇附县　秦汉以来，北京地区位于居庸关古道、古北口古道和太行山东麓古代大道的中心位置，便成为国家的边缘重镇，通州占据燕山南麓大道的关键节点，这就决定它与北京的命运也是联系在一起的。

接下来我们来了解一下作为水陆要会、畿辅重镇的通州。

从辽南京到金中都，再到元大都，北京城的政治地位不断上升，随着城市规模的扩大，人口的增加，对粮食和物资的需求也就大大地增加了。而通州作为汇集南方漕粮入京的要会，也迎来了历史发展的新机遇。

辽太宗耶律德光升幽州为南京，通州作为辽南京的辅邑带上浓重的辽文化特征。我们看到的这张图是辽代延芳淀图，延芳淀位于通州的南部，地势低洼，降雨频繁时就容易形成积水，春天的时候就会有成群的天鹅在此栖息。所以在辽代中期，延芳淀就成为春捺钵的驻地，捺钵也就是狩猎的意思，旁边我们看到的黄釉马镫壶就是在长途跋涉的路途上喝水的器具。

通州最著名的佛教史迹就是佑圣教寺内的燃灯塔，传说该塔始建于北周，唐贞观七年（633）尉迟敬德重修。现存燃灯塔的形制属于辽制。明代，燃灯塔被列入"通州八景"之一的"古塔凌云"。1860年，英法联军进入北京前，随军摄影师费利茨·比托拍摄的燃灯塔照片，据说是北京现存最早的照片。自漕运兴盛以来，燃灯塔就一直伫立在北运河的河畔。

萧太后运粮河，萧太后（萧绰），关于这条河没有确切的记载，但是南来的客船都停泊在张家湾城西南角外萧太后河的宽阔处，然后在此等待登岸，《红楼梦》中的林黛玉（苏州，后迁至扬州）当年就是在这里下的船，然后辗转进入的贾府。目前整治的萧太后运粮河源出龙潭湖，至西大望路展露为明渠，横穿朝阳区，通往北京城市副中心，全长约24公里。

1151年，金天德三年，金海陵王完颜亮在潞县城西约八里的地方，设了置通州，就是取的"漕运通济"的意思。这里我们看到的许多瓷器都是定窑烧制的，定窑为宋代六大窑系之一，窑址在今河北省保定市，这说明北京河北两地的文化是相通的，也体现了京津冀在古代就是相互联系的。北宋是定窑发展的鼎盛时期，北宋末年"靖康之变"后，由于连年兵灾，逐渐就衰落了。金朝统治中国北方地区后，定窑瓷业很快得到了恢复，有些产品的制作水平不亚于北宋时期，定窑产品也是金代统治者喜爱的瓷器品种。到了元朝，定窑终于逐渐没落。

元定都北京，通州成为京师漕运大动脉上的关键之处，而元代漕粮主要取自江浙地区。所以我们就要来说一下京杭大运河，它是春秋吴国为伐齐国而开凿，隋朝人幅度扩修并贯通至都城洛阳且连涿郡，元朝翻修时弃洛阳而取直至北京。粮食从南方运到了通州，再通过坝河和通惠河运到北京城内。

接下来我们就到了展览的最后一部分了，讲的是明清时期的通州。明永乐帝迁都北京，通州再次承担了京师粮食命脉的作用。元代京杭大运河全线贯通，明、清两代京杭大运河成为南北水运干线，而通州则是大运河沿岸的漕运重镇，水陆交汇的要地，对稳定封建国家的统治起到了巨大的作用，所以有"一京、二卫、三通州"（北京、天津、通州）的说法。

明清两代都非常重视用通州的城池保护漕运粮食，所以在明代修筑通州城的基础上，为了保护大运西仓，在旧城西营的地方建造了通州新城，乾隆年间拆去了新旧城中间的城墙，这样通州旧城的形状就好像一艘船，与张家湾一起成为京城的粮仓。通州有句谚语："通州城，好大的船，燃灯宝塔作桅杆，钟鼓楼的舱，玉带河的揽，铁锚落在张家湾。"就是说的这样的景象。

当各地漕粮运抵通州后，官府会委雇用的的经纪人员来验收。为了防治勒索舞弊等情况发生，所以制作出密符制度，每一名经纪都有自己的一套密符。这个密符怎么使用呢？就是每名军粮经纪在自己验收、转运的漕粮袋上，用上好的"福炭"，把自己的符形画在明显位置。监察官员随时抽查袋内的漕粮质量，如果有不合格的，则对照着粮袋上的符形就能查到对应的经纪人员，然后按照朝廷规定加以惩处。

漕运为通州带来了繁荣，通州的城池得到了修建，在城内也有着许多漕运相关的衙门和粮仓，商人也聚集在此，通过考古工作出土的精美文物我们就可以看出通州当年的繁荣。

这里我们看到的就是著名的通州八景，古塔凌云说的就是燃灯塔的凌霄之姿，柳荫龙舟则说的是黄船坞码头，波分凤沼说的是通惠河分流处的清流荡漾，高台丛树是形容的练兵台，平野孤峰则说的是小孤山，二水会流的二水说的是白河与温榆河，万舟骈集则形容的是张家湾河面上的景象，长桥映月形容的是八里桥的桥影与月色互相辉映。

旁边这张图版就是八里桥，它的原名叫永通桥，是因为距离通州 8 华里而被百姓称为八里桥，它也是"明代拱卫京师四大桥"之一。八里桥是南北走向，横跨了通惠河，它一共有三个拱圈，其中中间的最大可以容纳船只通过，现在的八里桥也成为了国家级文物保护单位。

通州区人杰地灵，清时期的著名人物有明代内阁大臣岳正，著名思想家、文学家、客死通州的李贽，辅助明神宗执政的明孝定皇太后，忠肝烈胆、大义凛然的义军领袖阎应元，清代有成就不朽名著《红楼梦》的文学巨匠曹雪芹等，这些人也使得通州熠熠生辉。除此之外通州还有三宝，就是大顺斋的糖火烧、小楼的烧鲇鱼和万通酱园的酱豆腐。

到这里我们的展览就进入尾声了，清代晚期，帝国主义列强入侵中国，给我们带来了灾难的同时，也为我们带来了新鲜事物。随着天津至卢沟桥的津卢铁路的开通，漕粮开始由火车运到北京，北运河的运输地位急速下降；光绪三十年（1904）漕运总督被撤，直至 1911 年清朝灭亡，通州漕运也就彻底结束了。但是，通州的命运仍旧与北京息息相关，在 21 世纪，通州被确定为北京副中心，古城也将焕发出新的生机。

我的讲解到此结束，谢谢大家。

六、结语

伴随着博物馆的普及，参观博物馆的观众也在不断增加，进入博物馆的观众的层次结构和参观心理都会有不同的变化。而博物馆让观众记住的不仅仅是展览、文物和古建筑，更重要的是博物馆讲解员的讲解。讲解工作是博物馆社教工作非常重要的一个环节，不难发现，现在电子产品的普及让博物馆变得越来越"科技化"，但是任何电子传媒都无法代替将讲解员的直接讲解，所以讲解人员要注重培养综合素质，最大限度发挥博物馆的教育职能，真正地传播知识、传播中华悠久的古老文明和中国优秀的传统文化。

陈晓艺（北京古代建筑博物馆社教信息部　助理馆员）

浅谈资料和素材的收集
对中小博物馆发展的重要性

——以北京古代建筑博物馆绿化为例

◎丛子钧

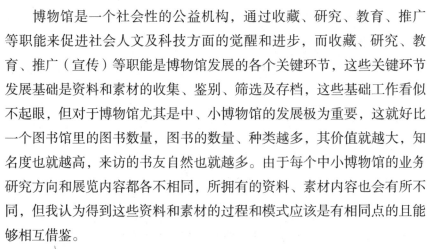

博物馆是一个社会性的公益机构，通过收藏、研究、教育、推广等职能来促进社会人文及科技方面的觉醒和进步，而收藏、研究、教育、推广（宣传）等职能是博物馆发展的各个关键环节，这些关键环节发展基础是资料和素材的收集、鉴别、筛选及存档，这些基础工作看似不起眼，但对于博物馆尤其是中、小博物馆的发展极为重要，这就好比一个图书馆里的图书数量，图书的数量、种类越多，其价值就越大，知名度也就越高，来访的书友自然也就越多。由于每个中小博物馆的业务研究方向和展览内容都各不相同，所拥有的资料、素材内容也会有所不同，但我认为得到这些资料和素材的过程和模式应该是有相同点的且能够相互借鉴。

本文以北京古代建筑博物馆先农坛绿化为例，浅析如何能够更好地利用收集来的资料促进博物馆自身的发展。资料和素材的收集是枯燥而又贵在坚持的一项常规工作，工作本身并不出彩，但确很重要。北京古代建筑博物馆在这项工作上有许多宝贵的经验，值得我们去学习借鉴。下面我就以绿化工作及绿化坛志为例来说明收集资料和素材的重要性。

一、编写《北京先农坛志》
绿化工作内容时遇到的问题

北京先农坛始建于 1420 年，距今将近 600 年的时间，在明朝时期主要是祭祀先农、太岁及皇帝、王公大臣亲耕之场所，直到 1754 年清朝乾隆皇帝命令先农坛祠祭署，在坛区内广泛种植松、柏、槐、榆等树木，太常寺负责监督造具清册，用于改善坛区内的环境，可以说先农坛绿化的历史是从 1754 年才正式开始的。《清朝文献通考》卷 110 记载：

清乾隆十九年（1753），乾隆帝下诏大修先农坛，废除了这个类似自食其力式的以坛养坛的好做法，"（乾隆）十八年谕：先农坛外墙隙地，老圃于彼灌园，殊为亵渎。应多植松、柏、榆、槐，俾成阴郁翠，以昭虔妥灵。"

因为是编写《北京先农坛志》绿化条目，所以在的过程中要以史料为基础，以客观事实为依据，不能出现可能、假设、推测等字眼，而且要以时间轴顺序进行编写。这次编写主要以北京古代建筑博物馆成立为时间线来进行划分，从这次绿化坛志的编写中可以看出，70%~80% 的内容集中在古建馆成立以后，而古建馆成立之前的绿化内容只占到了 20%~30%。企事业单位绿化养护、古树复壮等管理模式一直都是按照附属地管理模式运行，所以在中华人民共和国成立后、古建馆成立之前一直是由北京市育才学校管理，受限于当时技术、重视程度、自然等原因，绿化养护及古树复壮方面的记载十分有限，造成了资料的匮乏。而民国时期由于社会动乱及管理不善，导致了先农坛区域大量古树死亡及被砍伐，先农坛历史风貌遭到了破坏，再也无法恢复到清朝时期的繁荣光景了。从下面两组图片中我们可以看出清朝与现在先农坛坛区部分区域的树木变化：

先农祭坛周边的松柏树

今先农坛周边的槐柏树

从上面两幅图的对比可以看出先农祭坛周围的树木的变化，随着社会科技的不断发展，很多树木由于自然、建设需要、人为砍伐等原因死去，这是很正常的现象，但资料的遗失、记录不详细或者损毁遗失是让人比较遗憾的。清朝先农坛祠祭署的历史档案及民国时期先农坛树木清册上只是提及截止到某一段时期的一个总数，而未提及一个详细的列表或说明，这或许是当时受限于知识、技术水平的限制，无法做到专业记录这样一个水准。我们这些后来人在看前人留下来的资料中去寻找线索，只能尽可能地去接近史实。以史为鉴，在现代化信息如此发达的今天，无论干什么行业，在保证完成工作任务的基础上，都要重视第一手工作资料及经验的收集和记录，因为只有这样，才能够今后的工作中提高工作效率、调整工作方式、增加工作经验，对个人、工作单位的发展才能有据可查。

二、要时刻注意对资料的收集、整理

无论是从事业务工作还是管理工作，资料的收集和整理是至关重要的环节，如果这个环节做不好，那么干工作就如同"狗熊掰棒子"一样，不会在工作能力上有任何进步，也不会实质性地推动馆里面的发展，最多只能是维持原状罢了。所以无论从事什么样的工作，都应该勤于思考，查缺补漏，有一套严格的规定流程，不断改进规定流程以适应新的工作形势，有临时的应急措施。这样才能够不断完善，只有将这些工作思路落在笔头上，形成文件及规定。而要达成目标，就是平常工作中对点点滴滴的资料收集和整理。下面就拿绿化工作为例：

回顾对先农坛绿化坛志编写时所遇到的问题举一反三，我认为在今后的绿化工作中应该注意和思考以下几个方面。

（一）一般性、常规性资料的收集记录应该坚持做下去

古建馆现阶段绿化工作主要分为树木养护和草坪养护，其中树木养护有包括对普通树木的养护及古树的养护及复壮。对古树首先要了解每一棵古树的基本信息、位置、状况及照片（以某个时间节点为基础标明）。然后再加上应该检查的内容，做成一张不定期的检查表，下发给园林工人去填写。了解树种的习性（古建馆古树主要是侧柏和国槐），自己去现场检查古树的情况，在自己的工作范围内检查绿化工作中基本的规定流程中有哪些遗漏，将平时积累的检查材料及解决问题的方法记录在案，汇集成资料。最后在根据这些资料、记录、管理方式看一下与现有的流程规定有哪些不同，是否应该改进，都应该作为重要的资料进行记录。如：

北京先农坛内坛区现存古树 155 棵，其中一级古树 87 棵，二级古树 68 棵，树种绝大部分以柏树为主，剩余小部分树种为国槐和油松。北京古代建筑博物馆坐落在内坛区内，其内坛区内大部分古树多分布在博物馆太岁殿院落周围东、南、西、北四个方向，其具体分布状况如下：太岁殿院内：1 棵；太岁院落西配殿与神厨院落东面神库之间：7 棵；神厨院落内：1 棵；行政西小院办公区：11 棵；太岁殿南面广场：23 棵；太岁殿北面广场：37 棵；太岁殿院落东侧：24 棵；天神地祇坛周边草坪：25 棵；育才学校：21 棵；神仓院内及西面路边：5 棵。（北京先农坛内坛区古树分布汇总及位置分布说明。统计截止时间：2016 年 12 月 31 日）

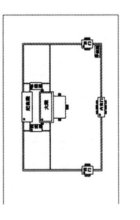

北京古代建筑博物馆辖区平面图图里的古树大致位置（不含育才学校棒球场里、神仓内及神仓西侧的古树）

古树复壮明细表

序号	复壮时间	复壮范围	复壮数量	古树编号	复壮措施
1	2006年11月20日至2006年12月20日	先农坛内坛区	15棵	A00510、A01016、A01018、A01076、A01080、A01088、A01089、A01149、B01750、B01753、B01754、B01755、B01759、B01760、B20534、	地下部分： （1）地面打孔复壮法。 地上部分： （1）修剪枯枝、死枝； （2）树洞、植皮填充； （3）进行土壤消毒、树体灭菌； （4）对树干、树冠喷洒农药； （5）树叶施肥。
2	2010年7月26日——2010年8月25日	先农坛南侧育才学校棒球场及太岁殿北面广场	23棵	11010400259、11010400258、11010400257、11010400256、11010400254、11010400250、11010400251、11010400252、11010400255、11010400248、11010400247、11010400249、11010400245、11010400246、11010400243、11010400242、11010400241、11010400240、11010400239、11010400238、11010400279、11010400396	地下部分： （1）营养坑复壮法； （2）地面打孔复壮法。 地上部分： （1）修剪枯枝、死枝； （2）树洞、植皮填充； （3）进行土壤消毒、树体灭菌； （4）对树干、树冠喷洒农药； （5）树叶施肥； （6）制作仿真树皮。
3	2012年4月1日——2012年5月15日	太岁殿北面广场	28棵	11010400259、11010400258、11010400257、11010400256、11010400254、11010400250、11010400251、11010400252、11010400255、11010400248、11010400247、11010400249、11010400245、11010400246、11010400243、11010400242、11010400241、11010400240、11010400239、11010400238、11010400244、11010400279、11010400396	地下部分：地面打孔复壮法。 地上部分： （1）修剪枯枝、死枝； （2）树洞、植皮填充； （3）进行土壤消毒、树体灭菌； （4）对树干、树冠喷洒农药； （5）树叶施肥； （6）制作仿真树皮； （7）树体输液。
4	2013年	太岁殿东面	18棵	11010400279、11010400377、11010400378、11010400379、11010400380、11010400381、11010400382、11010400383、11010400384、11010400394、11010400395、11010400396、11010400397、11010400398、11010400399、11010400400、11010400407、11010400408	地下部分： （1）地面打孔复壮法； （2）铺装地面复渗井。 地上部分： （1）修剪枯枝、死枝； （2）树洞、植皮填充； （3）进行土壤消毒、树体灭菌； （4）对树干、树冠喷洒农药； （5）树叶施肥； （6）制作仿真树皮。

序号	复壮时间	复壮范围	复壮数量	古树编号	复壮措施
5	2015 年	太岁殿北面广场及南广场草坪	18 棵	11010400401、11010400402 11010400403、11010400404、 11010400428、11010400429 11010400430、11010400431 11010400432、11010400433 11010400434、11010400435 11010400439、11010400440 11010400441、11010400442 11010400470、11010400471	地下部分： （1）地面打孔复壮法； （2）铺装地面复渗井； （3）营养坑复壮法。 地上部分： （1）修剪枯枝、死枝； （2）树洞、植皮填充； （3）进行土壤消毒、树体灭菌； （4）对树干、树冠喷洒农药； （5）树叶施肥； （6）制作仿真树皮。
6	2016 年 9 月 30 日——2016 年 10 月 30 日	太岁殿东面及北面广场	18 棵	11010400279、11010400377、 11010400378、11010400379、 11010400380、11010400381、 11010400382、11010400383、 11010400384、11010400394、 11010400395、11010400396、 11010400397、11010400398、 11010400399、11010400400、 11010400407、11010400408	地下部分：地面打孔复壮法。 地上部分： （1）修剪枯枝、死枝； （2）树洞、植皮填充； （3）进行土壤消毒、树体灭菌； （4）对树干、树冠喷洒农药； （5）树叶施肥； （6）制作仿真树皮。
7	2016 年 11 月	行政西小院、南广场草坪、太岁殿南广场、神仓西面	34 棵	11010400229、11010400271 11010400272、11010400273 11010400274、11010400275 11010400276、11010400277 11010400278、11010400443 11010400444、11010400445 11010400446、11010400447 11010400280、11010400281 11010400282、11010400262 11010400270、11010400460 11010400459、11010400269 11010400461、11010400454 11010400455、11010400467 11010400456、11010400457 11010400458、11010400469	地下部分：地面打孔复壮法。 地上部分： （1）修剪枯枝、死枝； （2）树洞、植皮填充； （3）进行土壤消毒、树体灭菌； （4）对树干、树冠喷洒农药； （5）树叶施肥； （6）制作仿真树皮； （7）固体支撑。

从上面的汇总、平面图及明细表等部分资料可以看出，首先要有基本的资料，然后才能根据这些基本资料来进行工作上的管理，这些资料都是要平时一点一点地收集整理，然后归纳整理，最后得出一套完整的管理程序，用以作为资料保存。

（二）将交流、学习来的业务知识通过收集和记录的方式来不断加强巩固来提升自身的能力

作为遗址性的博物馆，绿化面积占了古建馆馆内面积大约50%~60%，绿化养护的好坏是衡量古建馆的博物馆环境治理的一项重要指标，每一年北京市园林局都会有一些政策、业务、技术等在官方网站上有显示，比如古树普查复壮、树苗和草种栽种培育或引进、灌溉方式的改变、农药的改进等都要及时关注，把这些信息及时记录，再比对相关的工作职责范围，多与市、区、街道绿化办的专业人员进行沟通交流，有利于业务知识和管理水平的不断提升。

从上面古树复壮的明细表上来看，古树复壮地下部分的措施主要有营养坑复壮法和地面打孔复壮法，地面打孔法一般用于不具有透水性的砖石地面，目的是通过打下的孔（一般来说是孔的直径在10~40厘米，高度为1米，打孔位置在古树投影最外围），数量大约是12个左右，随着孔直径越大，打孔数量依次递减。而营养坑复壮法用于非砖石性地面，比如泥土地等。通过现有的方式来不断学习、探索新的方式、途径来发现更好的复壮方法。

三、收集、整理资料的方式

（一）要养成坚持记录工作日志的习惯

工作日志是指针对自己的工作，每天记录工作的内容、所花费的时间以及在工作过程中遇到的问题，解决问题的思路和方法。工作日志记录下你每天所作的工作、面对的选择、不同的观点、观察的角度、用的方法、起到的结果和最终的决定。

工作日志的记录、整理、存档在最近几年里越来越受到重视，我通过朋友、同事也从侧面了解到不少博物馆都有定期检查、收集工作日志的流程，一般是由办公室的行政人员先收集各个部门的工作日志，然后交给分管领导阅览，分管领导将看到的有用信息会反馈给办公室拍照留下电子档。同时通过对工作日志的浏览了解各个部门的工作动态，发现问题并及时纠正。

由于改革开放前绿化养护这方面的工作并没有专职人员以工作日

志的形式专门记录，所以在编写先农坛绿化坛志的时候许多时间节点上并没有相对应的内容，比如说在明国时期先农坛外坛区的许多古树具体什么时间，有多少棵，因为什么而被砍伐没有详细记录等，这都成为了编写先农坛绿化坛志时的遗憾。试想一下如果当时能够保存工作日志等手稿，那么许多有价值的信息就会被保留下来。

（二）通过留言台或意见箱等形式收集不同的意见对原有的资料加以改进

现如今在博物馆展厅、活动教师及公共活动区域内都能看见有留言台，留言台的作用是收集观众的意见，对展览、社教及其他一些方面加以改进，意见箱一般是反映到馆参观观众的一些意见，其中有用的意见是对现有资料是一种很好的补充和拓展。比如说对于绿化养护来说意见箱是一种比较好的反馈方式，将意见箱绑在树干上（位于硬地面上的树），这样参观的观众如果有对绿化方面的意见就会投到意见箱中，这种方式多应用于公园或有大面积绿植的开放性单位。

（三）通过建设信息员、图书室、定期培训或外出学习等方式来加强业资料收集的渠道

北京古代建筑博物馆成 1988 年成立至今已有 30 年，在 30 年的发展历程当中，馆里面对相关资料的搜集非常重视，总结制定出了不少方式及经验，大致分以下方式：

1. 以部门为单位设专职信息员一名，记录部门内部的工作信息，如组织党建工会活动信息、古建筑保护与修缮信息、开发文创产品信息、展览活动信息等，各部门随时报办公室，办公室收集完这些零散信息后上报馆领导班子，馆领导班子在鉴别、筛选出有价值的信息后通知办公室存档，为日后北京古代建筑博物馆大事记的编写提供基本的素材信息。下面这段就是通过这种方式来收集的绿化养护方面的资料：

2005 年完成了先农坛地面的铺装工程，有利于雨水、灌溉水更好地渗透。2013 年 8 月 30 日，完成了对馆内所有早熟禾、丹麦草、大叶黄杨的更换，重新铺装草坪砖、维修增加喷灌系统砌阀门井更换阀门井盖等。

2006 年神仓北院房屋拆除后进行了绿化。

截止到 2011 年底（往后未做数据统计），北京古代建筑博物馆有

树木 353 棵，其中古树 155 棵，乔木 112 棵，灌木 86 棵，其中大部分古树为清代乾隆时期所栽种。自从北京古代建筑博物馆绿化改造完成后，每年都对馆内这些树木进行养护。

1990 年 7 月 2 日，宣武区组织义务服务员对先农坛体育场的绿地、花坛及杂草进行了清除。

2003 年 11 月由于要进行太岁殿院落北面区域改造，经向北京市园林局申请审批同意后，移除了此区域 50 棵树木。2010 年 12 月，经北京市园林绿化局审批同意后砍伐一棵已死亡两年的野生臭椿树，砍伐后补种了一棵银杏树。2012 年北京古代建筑博物馆对 31 棵洋槐树进行了修枝工作，很好地促进了洋槐树的生长。同年 7 月经北京市园林绿化局审批同意后完成了对庆成宫 8 棵危树的砍伐工作。2014 年 5 月 10 日至 12 日对庆成宫院内 12 棵危树进行修剪，避免遭遇大风时被刮断的可能，消除断枝对庆成宫可能造成破坏的安全隐患。

2. 馆里面定期举办讲座普及古建筑及先农坛知识方面的讲座，如在 7 月 26 日举办了"雍正时期的先农坛"系列讲座，同时馆里面又鼓励业务骨干和管理人员在不影响自身工作的情况下去外面参加各种讲座和培训，如文物局局机关、相关博物馆、图书馆的讲座，目的是为了拓展馆里工作人员的业务、管理上的思路，增加知识，不仅对馆里面的员工提高自身的能力、修养有很大的帮助，同时也为馆里面搜集了不少相关古建筑方面的素材和管理经验。

3. 馆工会每年会利用工会会费来收集相关古建筑方面的图书，用来完善古建筑方面的理论基础，为今后在布展、社教讲解、科普、文化创意开发甚至管理模式等方面的展开做了很好的延续和补充。

4. 为举办专题展览或馆刊、坛志等去目的地搜集信息资料，比如前段时间开展的京津冀古村落展，馆里组织若干小组到京津冀周边不同特点的古村落（比如英谈村、开阳堡、鸡鸣驿等古村落）去收集信息，每个小组每个人通过不同的视角和思维方式去搜集资料，最后经过汇集、讨论、整理形成了一套方案，为日后京津冀古村落展的顺利开展提供了第一手资料及数据。

四、结语

收集资料不是一朝一夕的事情，是要靠平时不断收集，不放过任何一个细节，时刻留心记录，不是干完工作就完事了，好的经验、制度、技术、业务知识、手稿、电子资料等都是要留心收集存档的，只有这样，才能让馆里面的业务开展和行政运转提供大量的辅助素材。本文通过先农坛绿化坛志编写时所遇到的问题及遗憾为例子，结合自己的实际工作及想法提出了自己的一些看法和见解，可能会有一些不足之处，所想到的方法也有可能不是那么全面，但是希望能够通过这次编写先农坛绿化坛志为契机，为今后工作中的不足之处加以改善。

先农坛现在是北京市中轴线申遗的其中一处人文景点，2035 年之前还有很多工作要做，现在我们的主要工作任务是耤田和庆成宫的恢复历史原貌，将来先农坛内坛区可能还会有更多的地方要被复原，这就要求我们在每一步的工作中要时刻记录，把有用的资料收集起来，为古建馆将来向更高层次的发展贡献自己的一份力量。

丛子钧（北京古代建筑博物馆文创开发部　助理馆员）

浅谈博物馆展示中的互动体验

◎周磊

一、交互设计与互动体验

1984年，设计师比尔·莫格里奇（Bill Moggridge）首次提出"交互设计"的概念。关于其定义，不同学者有着不同的看法。早期交互设计理论家之一，斯坦福大学教授特里·维诺格拉德（Terry Winograd）曾把交互设计描述为"是人类交流和交互空间的设计"；"VB之父"艾兰·库伯（Alan Cooper）则认为交互设计是人工制品、环境和系统的行为，以及传达这种行为的外观元素的设计和定义；而在《交互设计——超越人机交互》一书中，作者将交互设计定义为"设计支持人们日常工作与生活的交互式产品"。具体而言，交互设计就是关于创建新的用户体验的问题。由于交互设计本身就起源于多学科的交叉，因而很难给它一个准确的定义。但不论何种说法，交互设计关注的焦点都是用户的需求，其核心理念都是以用户为中心，注重用户体验。

互动体验是带有互动性的体验项目，虽不等同于交互设计，但核心内容同样是以人为中心。体验，是一种由有形层面的展览、设施、空间以及无形层面的氛围、服务所共同给予参观者的综合感受和体会。良好的体验来自于博物馆对参观者物质需求和精神需求的双重关照，特别是在消费时代，一家拥有高品质环境和完善配套服务的博物馆显然要比一家仅仅拥有专业展品的博物馆更容易获取公众的青睐和欢心。[①]博物馆必须懂得如何为人们提供丰富、生动、愉悦、充实的体验，才能更好地满足他们的参观心理和消费需求。

最早的互动体验开始出现于19世纪中叶的英国伦敦科学博物馆，这个博物馆是在1851年伦敦万国博览会的基础上建立起来的，也称为

---

① 胡珺梓《基于历史博物馆展陈的多媒体互动体验设计研究》[D].东华大学，2012年。

科学与工业博物馆。在这个博物馆中陈列的科学仪器和工业设备，有许多都可以进行动态的演示，因此受到观众的极大欢迎，大大增强了博物馆对公众的吸引力。此后，有不少科学与工业博物馆都效仿这种办法，举办了各种演示。①展示设计中的交互意识是以相互关联的方式看待一切的，考虑人行为的多样性是追求人性化的思维起点。②这种陈列展示改变了观众与博物馆之间的关系，观众不单单是展品的旁观者，而是参与者，实现了博物馆主体由物到人的转变。

二、应用广泛的互动体验

1. 展览讲解：讲解是以陈列为基础，运用科学的语言和其他辅助表达方式，将知识传递给观众的一种社会活动。展览讲解可以分为由讲解员讲解和由讲解器讲解两类。讲解员可以根据听众的构成以及现场的反应来调整讲解的速度、内容和方式，而观众也可以向讲解员即时提出问题，这是与观众互动效果较好的一种讲解方式。③而讲解器尽管可以提供丰富的信息，但是不能根据实际情况做出更好的讲解服务。

2. 计算机互动设施：我国第一个运用现代高新科技的博物馆是北京中国科学技术馆。它的基本任务是向公众普及科学技术知识，传播科学思想和科学方法，提高公众的科学文化素质，培养创新精神。1988年9月一期工程建成并向社会开放。一期工程（2000平方米）中设置了"现代科学技术"和"中国古代科学技术"两部分常设展览和用于普及科学技术的世界一流的最大穹幕影厅，其中"现代科学技术"部分有：电磁、力、热、机械、声学、光学、信息技术等展区。展品设计注重科学性、知识性、趣味性相结合，用形象生动的手段反应科学原理和应用，鼓励观众亲自动手，在参与中学习和探索，激发创新精神。④

增强现实技术（Augmented Reality，简称 AR），是一种实时地计算摄影机影像的位置及角度并加上相应图像、视频、3D模型的技术，这

---

① 王宏钧《中国博物馆学基础》[M].上海古籍出版社，2001.12。

② 黄秋野、叶萍《交互式思维与现代博物馆展示设计》[J].《南京艺术学院学报》，2006.4。

③ 赵若涓《试论临时展览中的观众互动设计》[J].《黑龙江史志》2013，第15期。

④ 王宏钧《中国博物馆学基础》[M].上海古籍出版社，2001.12。

种技术的目标是在屏幕上把虚拟世界套在现实世界并进行互动。虚拟现实技术（Virtual Reality，简称 VR）是一种可以创建和体验虚拟世界的计算机仿真系统，它利用计算机生成一种模拟环境，是一种多源信息融合的、交互式的三维动态视景和实体行为的系统仿真使用户沉浸到该环境中。VR、AR 技术的合理应用可以打破空间、时间的限制，为新时代背景下的博物馆展厅设计注入新的生命力。

（1）多点触摸查询：技术应用非常之广泛，是结合文字、图形、影像、声音、动画等各种媒体的一种应用，并且是建立在数字化处理的基础上，它具有多种技术的系统集成性，基本上包含了当今计算机领域内最新的硬件技术和软件技术。通过触摸屏查询设备，以图片、文字、声音、视频、动画等多媒体方式进行展示查询，观众可随意方便地进行欣赏和查询各种信息。

触摸查询系统（北京古代建筑博物馆《中国古代建筑展》）

（2）宣传纪录片：做宣传片是目前宣传展览的最高效的手段之一，它能非常有效地把展览形象提升到一个新的层次，更好地把展览内容展示给大众。虽然观众对于博物馆的职能和性质都有大概的了解，但是对于不同类型的博物馆，展示的不同内容，观众并不熟悉，也不明确各博物馆的特色，制作宣传片可以更好地展示博物馆展览的特色内容，并且是能在较短的时间内让观众通过画面、声音迅速了解博物馆的有效方式。

（3）摄像合影：随着科学技术的发展，每人手里的一部手机便可以做到拍照合影留念，在展厅中设计与主题相关的摄影环节，是最受观众喜欢的方式之一。这种合影的互动方式不仅在照片里给观众留下美好的纪念，而且当观众将照片上传到社交网站时，对于展览来说是一个特别有力的宣传途径。

（4）电子沙盘：是日前博物馆、纪念馆、科技馆、陈列馆等展馆广泛运用的重要展陈手段，它是实物沙盘模型结合声光电系统、多媒体系统、电脑智能触摸控制系统、多媒体演示软件、大屏幕投影演示等立体化动态高科技沙盘系统，展示方式不仅生动、形象、直观，还能让观者参与互动，提高观看者的兴趣，给人以身临其境之感。

1949 年老北京城沙盘模型（北京古代建筑博物馆《中国古代建筑展》）

北京中轴线沙盘（北京古代建筑博物馆《先农历史文化展》）

3. 文创产品：博物馆拥有丰富的藏品资源，是文化的资源中心，而文创产品就是博物馆连接公众的最好纽带之一，博物馆依托丰富的藏品资源，有着得天独厚的文创产品的开发设计优势，通过各种形式的文创产品将藏品与民众生活相连接，可以让观众把博物馆里的独特体验延伸到家庭生活中。

4. 场景复原：场景复原广泛适用于历史类博物馆和自然博物馆。场景复原让文物传播真实的历史信息，让观众品尝原汁原味的历史，产生强烈的现场感，提升整体陈列语言，强化展览的感染力。

太岁坛祭祀复原局部（北京古代建筑博物馆《中国古代建筑展》）

先农坛祭祀复原局部（北京古代建筑博物馆《先农坛历史文化展》）

5. 讲座与学术研讨会：讲座是专家与大众之间的互动，其内容深入浅出，雅俗共赏，强调趣味性以达到文化普及的目的。学术研讨会旨在促进学者与学术机构间的学术交流和研讨，加强博物馆与学术机构学者间的合作发展。

三、博物馆展示中互动体验面临的问题及对策

博物馆的展示设计如具有良好的交互意识，可以给观者留下更长久和深刻的记忆，更高效和长久地起到教育的目的。从"传授知识"到"分享体验"的职能转变为博物馆展陈向体验型转变带来新的机遇和挑战，[①]数字博物馆必定是未来发展趋势中的一个方向，但博物馆展示的走向仍应是具有大众参与意识的人性化互动路线。[②]

1. 不为了互动而做互动。互动形式过于单一就容易形成审美疲劳，需要创新互动体验方式。随着高科技手段的进步，能够适用于博物馆展示的高科技技术越来越多，微博、微信、移动客户端、二维码等新技术、新手段都可以用来宣传和推广博物馆的展览，增进与人民群众的互动。但是任何事物都有两面性，科技手段在有助于互动展示设计诠释展示内容主题的同时，也可能会对观众产生过度的感官刺激，反而对博物馆展示效果产生负面的影响。[③]

2. 依据不同群体，区别化互动。根据实际情况，博物馆的陈列要根据不同内容及观众的不同需要，设置合适的互动环节，与展览主题相得益彰，更好地发挥博物馆陈列传播知识、宣传教育等功能。博物馆互动展示中高科技手段运用，既要遵循适度原则，还应与时俱进，与时代接轨，与前沿信息、科技发展接轨，这样才能将互动设计对观众的正面影响发挥到最大。[④]

[①] 鞠叶辛《文化消费与当代博物馆建筑设计理念研究》[D].哈尔滨工业大学，2010。

[②] 施锜《小议当代博物馆展示艺术中的交互意识》[J].《装饰》2010，总第205期。

[③] 崔宪会《交互展览在博物馆公共教育中的意义及未来可能性研究》[D].中央美术学院，2014年。

[④] 杨应时《作为教育机构的艺术博物馆：纽约市四座博物馆案例研究及其对中国的启示》[J].《中国美术馆》，2016.6。

3. 着重于展览互动的教育功能，而不是凸显其娱乐性。现如今博物馆的公共教育职能已经越来越受到重视，只有把对教育职能的重视也落实到展览互动，由教育内容支撑起整个互动项目，展览的互动性才能真正地做到寓教于乐。

充分认识博物馆互动性不足的现状，认识到增强互动性的必要，学习先进的理念，积极地研究创新和改革的对策，并付诸实践，才能最终改变现状，这是决定和强化博物馆功能的要素之一，也是有效促进博物馆发展的必不可少的手段。[①] 作为文博工作者，要根据各展览实际情况，明确展览的互动性是强调观众的参与互动体验，需要观众积极的投入，而不是被动感知，这更要求我们做好互动策划与设计工作，以提高博物馆的展览水平，促进博物馆事业的发展。

周磊（北京古代建筑博物馆陈列保管部）

---

① 李核心《关于增强博物馆中小型展览互动性之我见》[J].《客家文博》，2016.1。

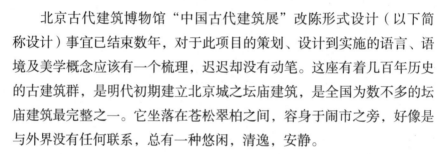

北京古代建筑博物馆
"中国古代建筑展"形式设计笔记

◎杨孝维

北京古代建筑博物馆"中国古代建筑展"改陈形式设计（以下简称设计）事宜已结束数年，对于此项目的策划、设计到实施的语言、语境及美学概念应该有一个梳理，迟迟却没有动笔。这座有着几百年历史的古建筑群，是明代初期建立北京城之坛庙建筑，是全国为数不多的坛庙建筑最完整之一。它坐落在苍松翠柏之间，容身于闹市之旁，好像是与外界没有任何联系，总有一种悠闲，清逸，安静。

也许是一种机缘，我有幸参与了整个改陈的全程。不同阶段的商讨、碰撞，不同时期的融合、契合，终成此展。

设计之难点、要点：

从一开始就出现了怎么设计这个展览的根本问题。调研结果表明，存在诸多不利因素，引起所有参与者的如下思考：

一、有着600多年古建筑里面设计展览，如何体现设计感和古建筑的美学高度结合？

二、设计语言如何定位？作为常设性展览，应该怎么设计概念？怎样避免"伤"到古建筑？

三、此展所需的文物基本属于木质模型为主，如何用一种发散型的概念思路，来提升展览的视觉冲击及效果。

以上三点对整体规划改造面临的难点一一剖析，用专业的态度面对北京古代建筑博物馆改陈的全程规划工作，从调研、准备直到规划和设计，都要求确立行之有效的应对方案。那么，用什么逻辑系统来重塑古建筑的空间形象的呢？

在总体布局上，设计语言希望能与"文化遗产"相协调，并最终达到与历史、文化、美学相协调的目的。因此我们设计的原点和依据是尊重古建筑空间，新的设计嵌入后应能与之构成和谐统一的关系。就"向上看建筑，向下看展览"的特征来看，基本上是保护古建筑的格局，用数据和设计来呈现各自为政并形成统一的划分。

在文化认同方面，用"尺度"的概念，统合三个空间之间的联系，即统一元素和设计感，单纯从工程技术角度看待也是对古代匠人精神的一种敬仰和致敬。

展览语言的设计转化：

明确了展览的语言和空间规划，同时，也解决了基本的技术问题。不是传统的展览，而是以古建筑美学空间的历史建筑遗存作为展示的重点，以图文、实物展览为辅，表现古建筑的文化内涵，实现概念性的展览，形成古建筑博物馆的保护性雏形。应该如下几个方面展开工作。

一、展览构思

对于太岁坛建筑群的保护是非常必要的。在充分了解其历史价值的情况下，设计具有跨时代的数据化展览，此展览也是为今后建立古建筑保护博物馆打下基本基础。

设计语言体现了时空界线和空间情感的精神，揭示出了古建筑灵魂的一次觉醒和呼唤。古建筑空间展览再也不是平面维度意义上的规划，而是以点推面，以空间、时间和情感接通历史记忆的碎片，渗透到匠人的精神层面。

二、中轴线上的虚与实

古建筑空间展陈是创造建筑、文物与人对话的精神空间。对于太岁坛轴线空间的设计应该放在对古建筑美学的研究上、对文物内涵和表情的领悟上，对传统庭院规划概念的继承和发扬上，是从古建筑轴线概念的文脉气质和建筑语言入手。

古建筑本身就是一部史书。一方面，太岁坛建筑群本身就是文物，另一方面，用设计语言形式简述古建筑虚与实空间的精神，我认为属于"看不见"的文物，更应当成为新时期古建筑设计空间对古人智慧展示的最高境界。从这里面反映出设计的品位、格调、境界，能做到这一点的古建筑场馆并不多见。像故宫的午门、南京博物院、卢浮宫博物馆是大家都满意的，希望将来会更多，这将是世界上古建筑群体展示空间发展之路。

太岁坛中轴线的"实"指的是拜坛、拜殿、太岁院、太岁殿和太岁坛的建筑美学轴线，它们是文物，是灵魂。而"虚"是对保护性设计的装置，或者说是副主语：前言台、避风阁、地台、光窗，从而解决了古建筑空间多年存在的隐患、展示内容与形式统一的问题。幸运的是在这里通过设计得到了统一的语言，落在实处上，给形式设计展开一个广阔的天地。

在设计上希望把充分保留古建筑元素作为陈列的基调，最大限度地袒露原有的建筑语言，目的是为了突出古建筑的美学空间与结构。空间中不加吊顶，将清中期的梁架和彩画裸露出来，成为展览的一部分。展厅常年开放，冬季北风穿堂，在拜殿北门内设计了一组避风阁，玻璃体的透明和磨砂佛光寺建筑的线刻，可以较好地保护室内建筑的同时，也是对"虚"空间的提升。三座古建筑的窗户设计采用防尘减光隔墙，比例按照柱、间及门扇的尺度制作，主体结构为钢框架，面材可选择玻璃，并可加装百叶调光，解决了古建筑风与尘的问题。将地面设计成地台与展墙、展台形成了自成一体的固定系统，既是对古建筑的保护，也是配电系统的使用方便，同时利用地台高度设计下沉式的沙盘等展示内容。整铺地台后对于原建筑立柱的衔接部位采用玻璃＋灯光扣口工艺，从而在塑木地台与建筑立柱接口处预留 1 厘米间隙，既解决大面积地台透气问题，同时对建筑立柱及柱础起到保护作用。开馆以后，有观众问起"为什么会有这样的设计"，说明他们对空间有新的感觉，一种置身古建筑美学的感受。原貌不被"破坏"，保持原味，是非常不容易做到的。设计语言和工艺尽量还原"本来"，这种思路是找寻一条隐喻的、理智的设计理念，这就是"虚"与"实"的空间概念。

三、以小博大和以大为小的心里过渡

我们希望给观众留下最大的美学空间，去了解中国古建筑的工艺、美学和匠人精神。古人创造的有形和无形资产，影响着当下对于传统美学和新美学的思考，因此说独特的空间，应该有独特的设计。如果说，太岁庭院南北轴线的虚实空间，揭示的是"看不见"的精神，那么太岁殿东西轴线的设计就是一种极强的"表现"形式。之所以这样说，是这

个空间文物所表达出来的视觉冲击。

中间太岁坛的复原，东部匠人营国沙盘的下降设计及城市的文脉，西部营造技艺复原场景与角科斗拱的互化，凝练出以小博大和以大为小的心里过渡。对太岁殿改陈而言，观众发现工艺美学，互动体验和积极参与。应该是观众与时间的对话，与工艺的对话，与精神的对话。

融合古人的技艺和规划，从多种角度理解其营造的心里变化，为的是引起观众的深入与思考。设计形式只有把多重语言统一化，才能使展览语言达到高境界。就复原场景而言，不是制作了一组古建筑"工地"的概念，更多的是对匠人精神的剖析。通过三维空间的转化，增加了时间层次，无形中让观众进入到四维空间的情感和美学体系。角科斗拱的制作，不但是体量的视觉，更是对工艺和匠人的心理梳理，再现了古人制作的瞬间展示（当时制作周期为一周，拍摄了800多张照片）。大与小、高与低的延伸与错落形成一种递进关系，类似传统山水绘画在形式上的审美追求，疏密适度，是太岁殿东西轴线的设计亮点。

四、光与影、色与彩的营造

从形式上研究古建筑空间的展示语言，更令人怦然心动的还是光与色的观感。

比如光环境设计在此次展览中是较为典型的一例。由于古建筑独特的采光设计，是古人的智慧所在，尊重光环境也是此次设计的美学之一。当早晨至夕阳的时空状态下的光位移动，展厅的环境也表达出不同的表情，自然光色因而表现的"活"而有生气。自然光是灯光不可代替的，自然光是更丰富的陈列语言。

而人工光塑造的氛围，更是对文物的展示得到一定的提升，隆福寺藻井的光设计就是对其最好的诠释。借中国古建筑构件及彩画和故事的美学，相互渗透，通过灯光的设计提升了文化内涵，这是走在古建筑灯光改造最好的一步。光环境设计的目的是让空间艺术化，让艺术人性化。国外的设计师十分讲究光的运用，也说明光设计是美学空间最大的难点和亮点。

古建筑的色彩体系与其他的空间截然不同，黄瓦红墙是坛庙建筑的特点，也是皇家园林的标识。而展览的色彩整体以木本色和绿色为佳，同时主强化了古建筑色彩体系中"阴影"的概念，也是从色彩和彩画中提取，在黄瓦红墙环境的衬托下，整个室内陈列庄重、典雅而不是活泼，从而达到了那种具有丰富文化内涵的高雅境界。也是这种"返扑归真"的洒脱，让观众去了解古建筑的美学思想。

五、小结

太岁坛古建筑群是皇家建筑，本身就是难得一见的古建珍品，因此建筑本身也是展品；降低展览高度形成向下看展览、向上看古建的展览形式，使得陈列和建筑在两个维度并存，为观众提供以人为本的参观环境。

运用自然光、自然色的理念，延续古建筑美学的自身。以木构为主的结构语言，弘扬了中国独特的古建筑神韵。

不久前获悉，北京中轴线申遗即将开始，这座古老的建筑群将会再一次提升其非凡的意义。挖掘古建筑的文化价值和理论研究，目的是提高设计师对于工匠精神的拓展，也是对传统美学的梳理与继承。我相信今天所留下无形资产，将给未来陈列设计和创作带来深刻的影响。

杨孝维（北京锦蓝文化创意有限公司　创始人、总经理）

北京古代建筑博物馆文丛　第五辑　2018年

文物古建修缮及研究

米市胡同关帝庙略考

◎张云燕

　　米市胡同是位于西城区宣武门外的一条胡同，北起骡马市大街，南至南横东街。自明朝起，因此地有米粮集市，渐渐形成街道。清代旗民分治，大量汉族官员到南城居住，著名官员、文人诸如王崇简、王熙、胡季堂、胡天游、程晋芳、曹秀先、潘世恩等都曾在米市胡同安置宅邸。胡同中又有诸多会馆，其中南海会馆中康有为故居部分建筑，作为戊戌变法的策源地之一，1984年被列为北京市文物保护单位。

　　米市胡同113号（位于胡同南口，民国门牌为米市胡同五十一号）原有关帝庙一座，始建于明代，经过多次重修，后来改为潘祖荫祠。2008年，因米市胡同拆迁改造，关帝庙被拆除，后在南横东街与菜市口大街交界处复建。元代以来，京城民间所建的关帝庙曾多达数百座，但保留至今的却寥寥无几。米市胡同关帝庙自明代以来的兴衰变化，对研究北京关帝庙与关公祭祀文化具有一定的代表意义。

一、米市胡同关帝庙的历史沿革

　　关于米市胡同关帝庙的沿革变化，史籍所载不多。所幸尚保留了一些石刻史料，使我们能够梳理出寺庙自明至清几次修缮的经过。米市胡同关帝庙曾有石碑三座，分别是明天启五年（1625）顾秉谦撰《重修敕封伏魔大帝庵碑》，清乾隆六十年（1795）胡季堂撰《关帝庙重修碑》，和道光十九年（1839）潘世恩撰《重修忠义神武灵佑仁勇威显大帝庙碑》。[①] 目前仅有明碑一通尚存，藏于北京石刻艺术博物馆，两通

---

① 石碑拓片见《北京图书馆藏历代石刻拓本汇编》，中州古籍出版社，1989年。天启五年碑见上书第59册，第175页；乾隆六十年碑见上书第76册，第150页；道光十九年碑见上书第80册，第187、188页。文中出现的碑文并拓片图片均转引于此。

清碑均已下落不明。国家图书馆收藏有三座石碑的拓片，大多文字尚能识读。下面笔者即利用现存实物与拓片资料，结合史籍记载，对米市胡同关帝庙的建置沿革做一简单考证。

（一）明代的创建与重修

根据现存明天启年间的一通碑刻，米市胡同关帝庙关帝庙"创自国初"，清乾隆年间重修碑的记载与之相同。道光十九年（1839）碑的说法更加具体，"创自前明永乐初年"，在民国时进行的两次寺庙调查中，住持静修沿袭了这一说法。然而道光年间与永乐朝毕竟已经相隔400年，在找不到其他可靠凭据的情况下，笔者仍取较为模糊的时间，以庙宇创建于"明朝初年"为是。

关帝庙在明代万历、天启年间曾两度重修。万历朝修缮的情况已不可考，天启朝的重修因留有碑刻，尚可追溯，这次修缮的主导者为"乾清宫管事、提督南海子、掌司钥库印务尚膳监太监梁缙"。明代宦官信奉宗教者甚众，他们大多有着悲惨的境遇，且年老后生活无着，过世后没有香火祭祀，更促使他们寻找宗教作为精神寄托。宦官崇信佛教者最多，《酌中志》记载："中官最信因果，好佛者众，其坟必僧寺也。"[1] 信仰道教的也有，如成化年间内官监太监陈谨"素好黄老之学"，先后修建灵应观、玄妙观、妙缘观等道教寺观，并在灵应观后营建寿藏。[2]

梁缙在内官中身份可称显赫，明代内府衙门分为"十二监、四司、八局"，合称"二十四衙门"，构成了内廷的主要官制框架。"乾清宫管事"一职地位超然，不在二十四衙门之内，但却是皇帝心腹，其秩荣显，"犹外廷之勋爵戚臣"[3]。南海子是一处重要的皇家园囿，设有总督太监一员，提督太监四员，管理、佥司数十员。[4] 内府供用库设掌印太监一员，总理、佥书、写字、监工共百余员。专司皇城内二十四衙门、山陵等处内官食米，并掌油、蜡等库，凡御前白蜡、黄蜡等，沉香等香，皆取办于此库。职掌重要，且油水极丰，"其印非九重倚毗最有宠眷者

---

① （明）刘若愚《酌中志·见闻琐事杂记》，北京古籍出版社，1994年，第200页。

② 李永通《明故内官监太监陈公墓志铭》，见梁绍杰《明代宦官碑传录》，香港大学中文系，1997年，第73页。

③ 《酌中志·内府衙门职掌》，第94页。

④ 《酌中志》第121页。

不得掌也"[1]。尚膳监为十二监之一，设掌印太监一员，光禄寺西门提督太监一员，西华门内里总理太监一员，管理金书、掌司数十员，写字、监工及外牛房、羊房等厂监工百余员，负责宫内食用诸事，奉先殿供养膳品、乾清宫等官、一号殿、仁寿宫等宫眷月分厨料、收纳南京等处供来各样鲜品等差。至于皇帝每日所用之膳，在天启以前却并不归尚膳监操办，而是由司礼监掌印、秉笔、掌东厂者二三人轮办。后有短暂时间，为节省开支，改由尚膳监承办御膳，至崇祯十三年，仍改依祖制。[2]

石碑原物现藏于北京石刻艺术博物馆，碑身有磨损，部分文字剥落，不过大部分尚能识读。篆额三行，行四字，曰"重修敕封伏魔大帝庵碑文记"。令人奇怪的是，右侧撰文人题款部分现存文字为"赐进士出身、光禄大夫、柱国、少傅兼太子太师、吏部尚书、建极殿大学士、知制诰、直起居注、总裁玉牒实录、掌詹事府事、

明《重修敕封伏魔大帝庵碑》拓片

教习两科庶吉士吴郡□□□撰文"，其中人名部分的三个字明显是被人为凿去的。一位官职如此显赫的重臣，为何会被毁去名字呢？碑上留存的两方印章给了我们答案。阴文印为"顾秉谦印"，阳文印为"大学士章"，告诉我们石碑的撰文人正是天启年间烜赫一时的内阁首辅、大奸臣顾秉谦。

顾秉谦（1550—?），南直隶苏州府昆山县人。万历二十三年（1595）进士，改庶吉士，累官礼部右侍郎，教习庶吉士，天启元年

① 《酌中志》第 114 页。
② 《酌中志》第 104 页。

（1621）晋礼部尚书，掌詹事府事。天启二年（1622），魏忠贤（时名魏进忠）因受言官周宗建等人弹劾，开始向外廷朝臣之中发展党羽，顾秉谦是最早一批阿附之人，自此飞黄腾达。三年（1623）正月，以原官兼东阁大学士；七月，晋太子太保，改文渊阁；十一月晋少保、太子太保；四年六月，与魏广微、朱国祯、朱延禧一同入阁。五年（1625）正月晋少傅、太子太师、吏部尚书，进建极殿大学士；九月晋左柱国、少师兼太子太师，改中极殿。[①]

史评顾秉谦"庸劣无耻"，依靠谄侍奸宦而入阁拜相，"曲奉忠贤，若奴役然"。天启四年（1624）六月，杨涟上疏劾魏忠贤二十四大罪，此后同道纷纷上奏弹劾，这是朝臣对魏宦发起的攻击中规模最大的一次，由此揭开了魏忠贤对东林党人残酷迫害的序幕。其间顾秉谦表现得尤为卖力，继任首辅后，"自四年十二月至六年九月，凡倾害忠直，皆秉谦票拟"[②]，并充《三朝要典》总裁，重述梃击、红丸、移宫三案始末，在其中极尽颠倒是非之能事。更有甚者，史载顾秉谦年长魏忠贤18岁，竟愿意奉忠贤为父，嘴脸丑恶已极。这样一个卑劣无耻的奸臣、小人竟然坦然为"忠义大节与日月争光"的忠烈关公撰写碑文，其署名被后人凿去也就不足为奇了。

石碑末尾仅见"季夏吉日立"五字，立碑年份剥落无存。因修缮工程"乙丑年六月内告成"，为天启五年（1625），顾秉谦的官职已升至少傅、太子太师、吏部尚书、建极殿大学士，尚未晋少师，时间正在正月至九月之间，故而判断石碑立于天启五年（1625）六月，工程完竣之时。

（二）乾隆、道光年间的两次重修

米市胡同关帝庙在清乾隆六十年（1795）再次重修。根据胡季堂撰写的碑文，修缮内容包括大殿前添建抱厦、增广门楼、新建戏台、修葺欹斜的钟鼓楼等。

胡季堂（1729—1800），字升夫，号云坡，河南光山人，礼部侍郎胡煦之子。以荫生授顺天府通判，由此步入仕途。曾任刑部尚书、太子

---

① 顾秉谦历官参见（清）张廷玉等撰《明史·阉党传》，中华书局，1974年，第7843—7846页；（明）张维贤等纂修《明熹宗实录》，中央研究院历史语言研究所，1962年，第1524、2411、2526、2955页。

② 参见《明史·阉党传》第7844页。

少保、兵部尚书、直隶总督等职，赏孔雀翎。嘉庆五年因病解任，同年卒，赠太子太傅，谥庄敏。[①]

胡季堂在京为官时，宅邸在米市胡同关帝庙之北，原为王崇简旧宅之一部。王崇简于顺治朝加太子太保，其子王熙康熙朝加太子太傅，盛极一时。然而后世子孙贫穷，便将大宅割裂出售。《水曹清暇录》载："宛平王敬哉相国怡园，跨米市、烂面两胡同……其东米市胡同者已归胡云坡少寇季堂。"[②]乾隆五十九年（1794）五月十三日，米市胡同发生火灾，然而就在大火即将殃及胡家祠堂之际，忽然起风，火转而西折向南，祠堂毫无损伤，内里供奉的先人主像、三朝诰轴并御笔书物均得以保全。关帝庙在家祠之南，亦丝毫无损。胡季堂认为此

清《关帝庙重修碑》拓片

乃关帝显灵之故，因而在住持僧通源前来募资修庙时，竭力促成其事，不仅自己捐百金首倡，并劝同僚各捐己资。户部侍郎韩鑅[③]，也曾遇到"遇火不为灰"的奇事，此次亦捐银百两，与胡季堂共同组织修缮事宜。为感念历灾无损的"神迹"，重修时在殿后别院添建火神，以申报祀。

其实那场令胡季堂等人大呼神异的火灾，本身即是因祭拜关帝而起。沈铭彝《孟庐札记》云："冯鹭庭编修集梧[④]居米市胡同，于己酉

① 赵尔巽等撰《清史稿》，中华书局，1977年，第10850—10852页。

② （清）汪启淑著、杨辉君点校《水曹清暇录》，北京古籍出版社，1998年，第90页。

③ 韩鑅（1730—1804），字东序，号兰亭，顺天府大兴县人。乾隆四十九年，授工部侍郎，五十四年十月，由工部左侍郎改户部右侍郎。嘉庆三年，调兵部，四年，命守裕陵，六年致仕。

④ 冯集梧，字轩圃，号鹭亭，浙江桐乡人。乾隆四十六年（1781）进士，授编修。多藏书，精校勘。尝刻《元丰九域志》《杜樊川诗注》、惠定宇《后汉书补注》等，著有《贮云居稿》。

清《重修忠义神武灵佑仁勇威显大帝庙碑》碑阳、碑阴

五月十三日祀汉寿亭侯，纸灰飞着凉篷，延烧千余家。"[1]造成损失堪称巨大。

　　关帝庙另一次有记载可考的修缮发生在道光年间。住持僧了如以其衣钵所积，并众檀越斋赠之遗，择吉兴修。工程始自道光十七年（1837）冬，落成于道光十九年（1839）秋，丹楹刻桷，焕然一新。

　　为此次修缮工程撰碑的是"四朝元老"潘世恩。潘世恩（1769—1854），字槐堂，号芝轩，江苏吴县（今江苏省苏州市）人。乾隆五十八年（1793）癸丑科状元，授翰林院修撰。为官五十余年，历经乾隆、嘉庆、道光、咸丰四朝，仕途一直较为平遂。道光十七年，加太子太保，十八年，晋武英殿大学士，二十八年，晋太子太傅。咸丰四年

　　① 转引自（清）朱一新《京师坊巷志稿·南横街》，《京师五城坊巷胡同集·京师坊巷志稿》，北京古籍出版社，1982年，第270页。

卒，谥文恭，入祀贤良祠。①

潘世恩大宅即在米市胡同，子孙亦多入朝为官，世居于此。孙潘祖荫（1830—1890），取中咸丰二年进士一甲第三名，为潘氏后代中的一名重臣，历事咸丰、同治、光绪三朝，曾任礼部尚书、军机大臣上行走、兵部尚书、顺天府尹、工部尚书等职，加太子太保衔。曾三任乡试主考，两度担任会试主考，时谓之得士。光绪十六年卒，赠太子太傅，谥文勤。②米市胡同关帝庙后为潘祖荫祠堂。

二、米市胡同关帝庙的建筑与陈设

在米市胡同关帝庙存续期间，建筑格局变动不大。

道光十九年（1839）碑阴，有道光六年（1826）进士、户部贵州司主事辛师云所撰文字，描写了重修后的庙宇建筑："为殿二楹，前祀关帝，后奉三世诸佛，旁列精舍数十，若门若楼，若廊榭若庖湢，又数十间。丹楹刻镂，鸟革翚飞。入是庙者，望坛宇之深邃，瞻宝相之尊严，莫不叹帝之肸蠁有凭。"在以后一百多年中，庙宇的主要格局一直沿袭了下来。

民国期间，进行了几次寺庙调查与庙产登记工作。米市胡同关帝庙在1928年和1936年登记的房产、法物等基本一致，共有房屋五十八间，住持为尼僧静修。庙内供奉的神像有关帝、如来佛、三世佛、真武大帝、释迦佛、观音菩萨、药王、娘娘、火神、韦驮等，反映了此时民间信仰的广泛性与多样性。此外，还有铜钟、铜磬、铁钟、铁磬、香炉、五供等陈设。③

1958年，北京市进行了第一次不可移动文物普查，普查工作中对米市胡同关帝庙的建筑进行了描述和记录，并绘制了总体平面示意图。④将这些资料与2002年出版的《宣南鸿雪图志》对照，可以清晰地看到庙宇布局并没有明显改变。寺庙坐西朝东，大门为五檩如意门，朝

---

① 《清史稿》第 11418—11419 页。

② 《清史稿》第 12415—12416 页。

③ 北京市档案馆藏北平寺庙档案，1928 年登记档案档号 J181-15-501，1936年登记档案档号 J2-8-150。见北京历史档案馆编《北京寺庙历史资料》，中国档案出版社，1997 年，第 248、567—568 页。

④ 见北京市文物局资料中心藏 1958 年文物古迹调查登记表，庙 1243 号。

向米市胡同方向。主院建筑南北对称，门两侧建倒座房，内有钟鼓楼分列左右。主殿坐落在高大的台基之上，前有月台，两侧有南北配殿。后殿面阔五间，背后与民居相接。主院北侧有跨院两座，东侧跨院包括东西房各三间，北房二间；西侧跨院有东西房各三间。整组建筑保存相当完整。①

进入新世纪以后，随着大吉片地区拆迁计划的启动，米市胡同关帝庙也被拆除，在南横东街和菜市口大街交叉路口东北角的文化广场内完成再建。

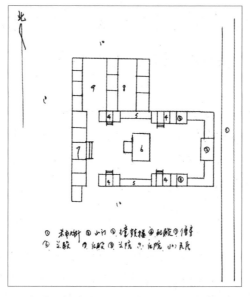

1958 年普查档案中绘制的米市胡同关帝庙平面图

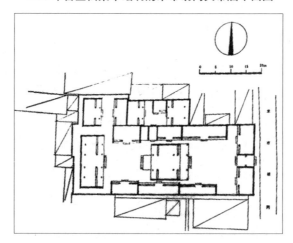

《宣南鸿雪图志》中米市胡同关帝庙平面图

① 王世仁主编《宣南鸿雪图志》，中国建筑工业出版社，2002 年，第 127—128 页。

三、明清两朝对关羽的加封

关羽祭祀正式列入国家祀典，始于明朝初年。明南京关公庙原在玄津桥西，洪武二十七年（1394），改作于鸡鸣山之阳，与历代帝王、忠臣、城隍诸庙并列。洪武三年（1370），明太祖朱元璋颁布《革正神号诏》，要求"历代忠臣烈士，亦依当时初封以为实号，后世溢美之称，皆宜革去"①，故取东汉朝廷及刘备对关羽的加封，称"汉前将军汉寿亭侯庙"。每岁四孟及岁暮，遣应天府官祭，五月十三日，又遣南京太常寺官祭。②

永乐年间，以北京为京师后，以都城西北隅之汉寿亭侯庙为国家祀典关庙，"每岁正旦冬至及朔望祭祀，香烛等仪具有恒品"。成化十三年，又奉敕重修，五月十三日以太常寺官祭。③

万历皇帝对关羽十分崇信，"万历四十二年十月十一日，司礼监太监李恩赍捧九旒冠、玉带、龙袍、金牌，牌书'敕封三界伏魔大帝神威远震天尊关圣帝君'，于正阳门祠，建醮三日，颁知天下"④。至此，天下关庙始加帝号，这也是顾秉谦在碑文中称关羽为"伏魔大帝"的原因。

清代对关羽的封赠达到了极致。顺治九年（1652），敕封"忠义神武关圣大帝"，雍正三年（1725），追封关羽三代公爵，曾祖曰光昭，祖曰裕昌，父曰成忠。乾隆三十三年（1768），以关羽原谥"壮缪"，未孚定论，更命"神勇"，加号"灵佑"，四十一年（1776），抄录《四库全书》时，又改谥"忠义"。嘉庆十八年（1813），加封"仁勇"，道光八年（1828），加"威显"。咸丰二年（1852），加"护国，明年，加

① （明）胡广等纂修《明太祖实录》，"中央研究院历史语言研究所"，1962年，第1034页。

② （明）申时行等修、（明）赵用贤等纂《大明会典·京都祀典》，《续修四库全书》第790册，上海古籍出版社，2002年，第626页。初称"汉前将军寿亭侯庙"。嘉靖十年（1531），南京太常寺少卿黄芳上奏曰："祀汉关羽宜称汉寿亭侯。盖汉寿，地名；亭侯，爵也。今去汉而称寿亭侯，讹也。"改称"汉前将军汉寿亭侯"。见（明）陈经邦等纂修《明世宗实录》，"中央研究院历史语言研究所"，1962年，第3087页。

③ 见商辂《敕修汉寿亭侯庙碑》，《北京图书馆藏历代石刻拓本汇编》52册，129页。《明史·礼四》，第1305页。

④ （明）刘侗、于奕正著《帝京景物略》，北京古籍出版社，1983年，第97页。

"保民"，旋追封三代王爵，加"精诚绥靖"封号。同治九年（1870），加"翊赞"，光绪五年（1879），加"宣德"。^①关羽的封号长达26字，全称"忠义神武灵佑仁勇威显护国保民精诚绥靖翊赞宣德关圣大帝"。

论皇家对关羽的祭祀，清代也比明代更为隆盛。早在定都盛京时，即在地载门外为关羽建庙。顺治元年（1368），清军甫一入关，即定祭关帝之礼，并恢复每年五月十三日遣官致祭的旧例。雍正三年（1725），增春、秋二祭，五年（1727），重修白马关帝庙，奉三代木主于后殿，并制定了五月十三日的祭仪。乾隆五年（1740），朝廷对关帝庙祭祀的祭品、仪注等又进行了完善。

咸丰三年（1853），关帝祀典较清早中期发生了较大变化。此前关帝祭祀列为群祀，此时升入中祀，与历代帝王享有相同的规格和礼遇，乐用六成，礼用八佾，各项礼仪制度均重新做了详细规定。四年（1854），再次下诏规定关帝祀典中皇帝亦要行三跪九叩之礼，突破了中祀的拜跪定制，同年八月十四日，文宗还亲诣关帝庙，祭祀行礼。^②至此，关羽祭祀的规制跃居历代帝王之上，其神圣隆重达到了有史以来的最高峰。

四、结语

关羽因其勇烈、忠义的品格，不仅被广大民众所敬仰崇拜，也符合精英士大夫阶层的价值观念，自东汉末年到清代的千余年间，被不断神圣化，以至庙祀遍于天下。明清两代更被列入了国家祀典，经过多次敕封和祭祀规格提升，使关羽的地位达到了前所未有的高度。朝廷对关羽的崇祀，很大程度上是出于"为人道扶植纲常，助宣风教"的"神道设教"需要，借助神灵崇拜施行人文教化。

自元代以来，北京修建了大量祭拜关公的庙宇，民国时期进行的北平庙宇调查显示，北京的关帝庙多达300余座，数量在各类寺观之中排在首位。米市胡同关帝庙创于明初，从保存下来的文献与石刻史料来看，明清时期几次大规模修缮都有朝中高官显贵的参与，承载着丰富的历史信息。庙宇规模并不十分宏大，但布局规整，直至21世纪初期

---

① 《清史稿·礼三》，第2541页。

② 参见（清）昆冈等修，（清）刘启端等纂《钦定大清会典事例·礼部·中祀》，《续修四库全书》第805册，上海古籍出版社，2002年，第20—24页。

仍基本保持着清代的建筑格局，在京城修建的关帝庙中具有一定的代表性。

复建后的米市胡同关帝庙

今天，这座经过数百年风雨的古庙已经被拆除，虽然在原址不远处进行了复建，但建筑格局已有所改变，也不再作为祭拜关帝的场所使用。在北京城中，那些历史悠久的关帝庙也是承载古城文脉的有机组成部分，在新时代如何挖掘其蕴含的历史文化信息和人文精神内涵，切实做到"在发展中保护，在传承中利用"，是需要不断努力研究的课题，也是我们理应承担的历史使命和责任。

张云燕（北京石刻艺术博物馆　副研究员）

北京先农坛太岁殿结构安全评估

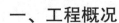

◎姜玲　张涛

一、工程概况

（一）建筑历史简介

先农坛始建于明永乐十八年（1420），名山川坛，完全仿照南京山川坛建造，明嘉靖十一年（1532）改山川坛为太岁坛，专祀太岁神。由于皇帝每年要到先农坛行亲耕礼，清朝将山川坛改称先农坛。清乾隆十九年（1754），将先农坛的建筑修缮一新，乾隆朝虽进行了大规模修缮，但仍然保持了明代的布局。乾隆朝以后各代也有小的常规修缮。民国三年（1914）将太岁殿作为中华民国忠烈祠。民国四年（1915），先农坛作为正式公园对市民开放，名先农坛公园。

1949年中华人民共和国成立后，育才学校搬入先农坛，主要建筑成为学生们的宿舍。"文化大革命"时，部分祭坛、古建筑遭到拆毁和破坏，但是主要建筑保存较完好。1979年先农坛被公布为北京市第二批文物保护单位。1985年北京市文物局报经北京市政府批准，决定对太岁殿古建筑群进行修缮，到1990年12月太岁殿修缮工程完工，1991年在修葺一新的太岁殿正式成立北京古代建筑博物馆。

太岁殿院是先农坛的重心建筑。太岁殿（又名太岁坛），坐北朝南，面阔七间，进深三间，歇山顶，黑琉璃瓦绿剪边，单翘重昂七踩溜金斗拱，外檐和玺彩画，内檐旋子彩画，前檐装修均为四抹隔扇四扇，三交六椀雕饰，明间外带帘架。

太岁殿南立面

（二）建筑使用状况、委托要求

先农坛和北京古代建筑博物馆是北京市的名胜旅游景点。为保护这座历史文物建筑和游客的安全，需要定期对其结构安全性检测评估。该建筑自上次全面整修至今，时过 20 多年，现已发现部分檐椽、望板和外饰有残损现象，需要进行适当的修缮保护。检测评估工作的重点为：查明主要构件的现状，查找结构的安全隐患，评估结构在正常使用条件下的安全性，并为提出合理的修缮建议。

二、检测鉴定项目与依据

（一）检测鉴定项目

经与委托方协商，进行结构检测鉴定项目如下：

（1）地基基础承载状况评估；

（2）主体结构外观质量检查；

（3）维护结构外观质量检查；

（4）结构的整体变位和支承情况检测；

（5）结构承载状况分析；

（6）结构安全性鉴定；

（7）对存在问题提出处理建议。

本次检测工作，在展馆工作状况下进行。殿内陈列大量展示的文物，上空设有金属网格吊顶，检测工作有一定难度。

（二）检测鉴定依据

进行结构检测鉴定参照的主要依据如下：

（1）《民用建筑可靠性鉴定标准》（GB 50292-1999）

（2）《危险房屋鉴定标准》（JGJ 125-99，2004 版）

（3）《建筑结构检测技术标准》（GB/T 50344-2004）

（4）《建筑地基基础设计规范》（GB 50007-2002）

（5）《建筑结构荷载规范》（GB 50009-2001，2006 版）

（6）《砌体结构设计规范》（GBJ 3-88）

（7）《古建筑木结构维护与加固技术规范》（GB 50165-92）

（8）《工程结构可靠性设计统一标准》（GB 50153-2008）

（9）北京市古代建筑研究所提供的有关技术资料

三、太岁殿

（一）主体结构

结构主体为七间三进形木构架，单檐歇山屋盖。一层殿明间面阔8.31米，次间7.93米，稍间5.71米，尽间5.55米，通面阔46.69米。金柱直径760毫米，檐柱直径640毫米。三步进深为5.55米，10.07米和5.55米，通进深21.70米。

建筑剖面：外檐柱高6.2米，金柱高10.35米；各柱间采用梁枋连接构成稳定的木构架，其中檐柱与金柱间的梁、柱节点为透榫穿插枋连接，其余梁、柱节点用不同形式的榫卯节点连接；单檐歇山屋架支承在金柱和檐柱上，脊檩上皮标高15.97米。

殿前檐为坚实的木框和门、窗、隔扇组成，其余三面是有砖墙，屋面为重檐琉璃筒瓦顶。建筑采用的柱础石、阶条石和压面石等均为质地坚硬的青白石。

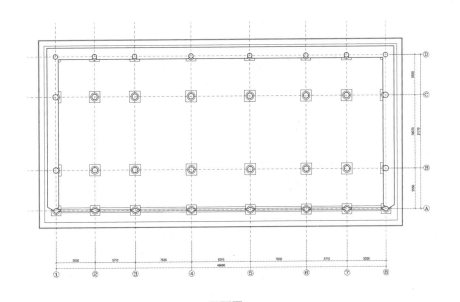

平面图

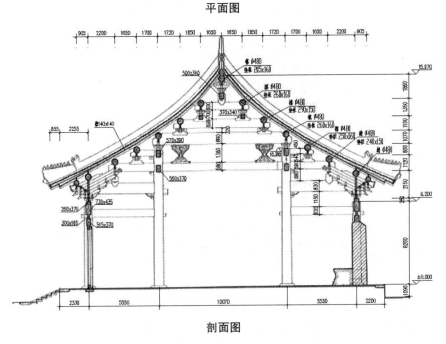

剖面图

根据大殿的实际情况，其结构安全性检测、鉴定工作按照：地基基础、主体结构和围护结构三个组项进行

（二）地基基础承载状况

现场检查：基础台明和柱础石无明显沉陷、移位；砖石台基压边石无错动现象，地面砖铺放平整。上部木结构和围护砖墙无因地基基础不均匀沉降引起的倾斜、裂缝，表明在现有使用条件下，地基基础承载

状况良好，无静载缺陷。

（三）构件承载状况检查

检查方法为：外观检查，接触探查和仪器测量，目的是查找已不能正常受力、不能正常使用或频临破坏状态的构件，即规范（GB 50165-92）的残损点构件。

1.承重木柱残损情况的检查

直观和敲击检查了殿内 12 根金柱、半露于墙体的 16 根檐柱。人工观察、敲击和钢针探查，检查了各柱的木质情况。

承重木柱残损情况的检查

项次	检查项目	检查内容	现场检查结果	备注
1	材质	（1）腐朽和老化变质：表层腐朽和老化变质；心腐	无明显迹象	
		（2）虫蛀	无迹象	
		（3）木材天然缺陷：在柱的关键受力部位木节；扭斜纹或干缩裂缝	陈旧性一般木材干裂缝	
2	柱的弯曲	弯曲	无明显弯曲迹象	
3	柱脚与柱础抵承状况	柱脚底面与柱础实际支承情况（1）接触面积（2）偏心受压状况	无明显缺陷	
4	柱础错位	柱与柱础之间的错位量	无明显缺陷	
5	柱身损伤	沿柱长任一部位的损伤状况	无明显受力坏损迹象	
6	加固部位现状	通柱原墩接的完好程度	无明显缺陷	

在现使用条件下各柱承载状况正常，各柱构件未查见残损点。东侧个别檐柱柱底部面层木质腐朽，残损程度较轻，影响耐久性。

2.承重木梁枋残损情况的检查

直观和敲击检查了承重木梁枋的残损情况，重点检查大跨度的承重梁件。

承重木梁枋残损情况

项次	检查项目	检查内容	现场检查结果	备注
1	材质	（1）腐朽和老化变质：表层腐朽和老化变质；心腐	无明显迹象	
		（2）虫柱	无迹象	
		（3）木材天然缺陷在梁的关键受力部位，其木节扭斜纹或干缩裂缝	部分构件存在陈旧性一般木材干缩裂缝	残损迹象
2	弯曲变形	（1）竖向挠度最大值		
		（2）侧向弯曲矢高	无明显侧弯迹象	
3	梁身损伤	（1）跨中断纹开裂	无明显坏损迹象	
		（2）梁端劈裂（不包括干缩裂缝）	无受力或过度挠曲引起的端裂或斜裂	
		（3）非原有的锯口开槽或钻孔	未见	
4	历次加固现状	梁端原拼接加固完好程度	原状完好	

大殿廊内柱以内范围柱框的承重梁枋构件的承载状况基本正常，没有产生明显的受力变形或截面承载力不足的现象。

太岁殿明间柱框梁枋

七架梁架

梁架间纵向的檩、垫、枋

构件上的陈旧性木材干缩裂缝

残损点评定：

由现场情况看这是一种陈旧性残损点，前次维修时为保护原貌，未对其进行维修处理。因其目前承载状况正常，无新增残损，虽仍可观察使用，但梁面外饰残损较重，长此不利于木构件的耐久性。

3. 屋檐结构中残损点的检查

屋盖结构的主要构件无明显残损迹象，承载状况正常。

屋盖和屋檐结构中的残损情况

项次	检查项目	检查内容	现场检查情况	备注
1	椽条系统	（1）材质	无虫蛀迹象	
		（2）挠度	无明显挠曲迹象，屋面无明显变形	
		（3）椽檩间的连系	连接良好	
		（4）承椽枋受力状态	无明显变形	
		（5）檐椽支承长度	无明显缺陷	
2	檩条系统	（1）材质	良好	
		（2）跨中挠度	檩条挠度承载状况正常，无明显下挠变形	
		（3）檩条支承长度 支承在木构件上 >60mm	满足要求	
		（4）檩条受力状态	承载状况正常	
3	瓜柱、角背驼峰	（1）材质	无腐朽或虫蛀	
		（2）构造完好程度	无倾斜脱榫或劈裂	
4	翼角、檐头、由戗	（1）材质	无腐朽或虫蛀	
		（2）角梁后尾的固定部位	无明显缺陷	
		（3）角梁后尾由戗端头的损伤程度	承载状况正常	
		（4）翼角檐头受力状态	尚无明显下垂	
5	望板	木质	局部区域存在受潮和糟朽现象	

残损点评定：

A/B—5/7 轴线区域的屋顶望板存在漆面受潮剥离和糟朽，属于一般构件残损点，影响结构耐久性。

4. 斗拱残损情况检查

屋盖的上、下檐下均设有斗拱层。整攒斗拱主要分担檐椽的部分压力。各层斗拱构件承载状况正常，无明显残损迹象。

斗拱及其组件的残损情况

项次	检查项目	检查内容	现场检查情况	备注
1	整攒斗拱	明显变形或错位	承载状况正常	
2	拱翘	折断	无坏损迹象	
	小斗	脱落	无坏损迹象	
3	大斗	明显压陷、劈裂、偏斜或移位	无坏损迹象	
4	木材	腐朽、虫蛀或老化变质，并已影响斗拱受力	无坏损迹象	
5	柱头或转角处的斗拱	有明显破坏迹象	无坏损迹象	

西次间鎏金斗拱

4-B 轴柱头科斗拱

明间梁间的隔架斗拱、襻间斗拱

5. 木构架整体性的检查

木构架整体性的检查

项次	检查项目	检查内容	现场检测情况	备注
1	榫卯完好程度	材质：榫卯已腐朽虫蛀	无残损迹象	
		坏损：已劈裂或断裂	无残损迹象	
		横纹压缩变形	无残损迹象	
2	横向构架（包括柱梁（枋）间连系）	构件连系及榫卯节点		
3	纵向构架（包括柱枋间、柱檩间的连系）	构件连系及榫卯节点		
4	局部倾斜	柱头与柱脚的相对位移	无明显残损	
5	整体倾斜、变形	沿构架平面的倾斜	无明显倾斜迹象	
		垂直构架平面的倾斜		

木构架的纵、横向构件联系和榫卯节点无残损点，无明显的倾斜变形，结构整体性良好。

（四）围护结构残损情况的检查及评定

1. 木质和砖墙维护结构

木质围护结构主要有木门、窗和隔扇，门、窗和木框的木质和构造无明显残损。砖墙围护结构无裂缝和明显变形，使用状况良好。

2. 砖瓦屋面结构

重檐琉璃瓦屋面现状良好，瓦件无松动，屋面情况见下图，屋盖内未见渗漏水迹象，屋面的使用功能良好。歇山的博望板木构件有局部残损，正进行修缮。

歇山瓦顶

（五）结构安全性鉴定

根据规范（GB 50165-92）第 4.1.2 条，结构的可靠性（安全性）鉴定应根据结构中出现的残损点数量、分布、恶化程度及对结构局部或整体造成的破坏和后果进行评估。

太岁殿的结构残损点汇总表

结构部位	检查项目		结构残损点	残损点危害程度
地基基础	基础变形		无	—
	上部结构不均匀沉降反映		无	
上部结构	主要构件	承重木柱	无	
		承重木梁枋	（1）陈旧性木材干缩裂缝	影响耐久性
		屋盖和屋檐结构	（2）A/B — 5/7 轴线区域的屋顶望板存在油饰受潮剥离和糟朽	影响适用性、耐久性
		斗拱	无	
	木构架整体性	构造连接	无	
		结构侧向位移	无	
围护结构	木门窗、封檐板		无	
	琉璃瓦屋面		无	

各结构部位中：地基基础无结构残损点；木结构中存在 2 种类型的结构残损点；围护结构中有 1 种。表中残损点（1）（2）主要影响构件的影响耐久性。在目前使用条件下，木结构的残损点不会发生坏损危险。

按照规范（GB 50165-92）第 4.1.4 条，太岁殿的结构安全性鉴定为 Ⅱ 类建筑。其承重结构中关键部位的残损点或其组合不影响结构安全和正常使用，可酌情采取修缮、维护措施。

四、检验鉴定结论

1. 地基基础承载状况良好。

2. 木结构主要构件的材质无严重腐朽，无虫蛀，构件承载状况均正常。

3. 木构架的主体结构的连接节点承载状况基本正常。

4. 检查评定太岁殿木结构存在 2 种结构残损点。

5. 残损点（2），A/B—5/7 轴线区域的屋顶望板存在油饰受潮剥离和糟朽，影响结构的适用性和耐久性。残损点（1）影响构件的耐久性。

6. 围护结构中的砖墙和木门、窗结构无残损点。

7. 屋盖无渗漏现象，承载状况和整体性良好。

8. 按照规范（GB 50165-92）第 4.1.4 条，太岁殿的结构安全性鉴定为 Ⅱ 建筑。

五、加固维修建议

根据检测结果，建议采用以下加固维修措施。

1. 酌情修复太岁殿的局部望板腐朽的部位。

2. 目前，构件的陈旧性木材干缩裂缝尚未影响到构件的安全性，可继续观察使用。

3. 保持建筑内适度的干湿度和通风，有利于木构件的耐久性。

姜玲（北京市古代建筑研究所　副研究馆员）

张涛（北京市古代建筑研究所　副研究馆员）

先农坛修缮工程保护实例

◎孟楠

一、北京先农坛概况

（一）历史沿革

北京先农坛，是明清两代帝王"亲耕享先农"之所，始建于明永乐十八年（1420），名山川坛，建筑布局礼仪规制"悉仿南京旧制"。明天顺二年（1458）建山川坛斋宫。嘉靖十年（1531）于内坛墙南部建天神、地祇坛，形成先农坛现今布局。明万历四年（1576）改山川坛之名为先农坛。清代沿袭明代祭祀制度，顺治十年（1653）下诏恢复先农之祭及亲耕之礼，继之议定全套规制。乾隆时又对坛内建筑进行了全面的修葺和改建，在院内广植松柏榆槐，坛内遂有红墙琉璃瓦、绿树葱茏之貌。清代末期，先农坛逐渐衰落，光绪二十六年（1900）八国联军侵占北京，美国军队在此驻扎，破坏严重。光绪三十三年（1907）停止皇帝亲祭礼仪，先农坛开始废弃。

辛亥革命后，作为皇家祭坛的先农坛失去原有功能，先由民国政府礼俗司管理，1915 年被辟为先农公园对外开放，1918 年改为城南公园，由于政府经费不足，管理不善，自 20 年代开始逐步被租买蚕食，今永安路以南的大片地区即是此时被"分割"出去的。1936 年，东南部被辟为体育场，成为当时北京城内最大的公共体育场所。1949 年后，先农坛由学校及校办工厂、体育场及居民占用，由于使用不当，已失当年风采。

1979 年先农坛被公布为北京市第二批文物保护单位，2001 年先农坛被公布为第五批全国重点文物保护单位。

1991 年在修葺一新的太岁殿等建筑群正式成立北京古代建筑博物馆至今。

（二）先农坛建筑群修缮概况

先农坛现存主体建筑为：

（1）太岁殿建筑群；

（2）神仓院建筑群；

（3）神厨、宰牲亭建筑群；

（4）庆成宫建筑群；

（5）具服殿、观耕台、神坛建筑群；

（6）坛门及内外坛墙。

先农坛建筑群修缮情况表（1986—2002）

序号	修缮对象	修缮时间	修缮内容	备注
1	太岁殿院	1986—1990	全面修缮	本次修缮中，地面铺装及围墙未列入2009年修缮范围
		2004	太岁殿院局部抢险	
		2009	太岁殿院修缮常规修缮	
2	神仓院	1995	全面修缮	后院及围墙未列入到2009年修缮范围内
		2009	神仓前院进行全面修缮	
3	内坛北坛门	1998	养护性修缮	诸多病害未彻底根除，本次修缮拟全面解决问题
4	具服殿	1997	全面修缮	本次为保养性修缮，避免病害扩大化
5	神坛	1999	全面修缮	本次修缮范围，保养性修缮
6	焚帛炉	1990	全面修缮	未维修斗拱等，本次修缮拟进行修缮
7	神厨、宰牲亭院	1999—2004	全面修缮	本次修缮范围是地面、围墙、井亭
8	西内坛墙	2001	全面修缮	本次为保养性修缮，避免病害扩大化
9	庆成宫	1999—2004	全面修缮	本次不进行修缮
		2009	地面、排水等设施	
10	内坛南区整治	2001—2002	全面修缮	本次不进行修缮

二、先农坛修缮工程内容简介

先农坛从 1986 年大规模修缮，部分建筑已有十余年未进行修缮，诸多建筑出现不同程度的损伤，如不及时维修，势必会影响到建筑的结构安全。自 2009 年开始，先农坛开始进行新一轮的常规修缮，此次工程为修缮工程的后续。本次工程范围包括：首先，对先农坛古建筑群内现存各文物建（构）筑物进行全面修缮保护，排除建筑安全隐患。主要范围包括：

（1）先农坛北坛门修缮；

（2）神坛地面维修；

（3）神仓院后院及围墙修缮；

（4）具服殿修缮；

（5）焚帛炉修缮；

（6）太岁殿院、神厨院围墙维修；

（7）神厨院地面维修及井亭保护；

（8）观耕台保护；

（9）西内坛墙维修。

三、现状—建筑特色与主要病害

（一）北坛门

北坛门为明代砖仿木拱圈门，东西长 22.64 米、南北宽 6.7 米、高 13 米，设拱门三通。屋面为歇山顶，黑琉璃瓦绿剪边，三踩单昂砖制斗拱，砖制额枋绘有早期旋子彩画，柱头有砍杀。

北坛门的主要病害是墙面酥粉严重，由于地下上升毛细水进入砖体内部，带动可溶盐运动、结晶，加剧了砖表面的风化、剥落。而存于砖体内部的水分在冬季结冰产生冻胀，使砖体产生裂缝，造成砖体断裂、缺失的情况。

具体病害如下：

（1）墙体：下碱砖风化、酥碱严重，表面红浆污染，上身抹灰局部空鼓儿，褪色严重，券洞内抹灰褪色、污浊。

（2）台明：现室外地坪抬高，台明与现道路齐平，台明石、门枕石等台明构件保存较好，略有变形。

（3）地面：西门洞原始地面砖碎裂80%，大面积塌陷，中门及东门洞地面后改为花岗岩地面，散水全无，地面雨季积水严重，保护性栏杆破坏地面。

（4）屋面：瓦面、正脊、垂脊基本完好，琉璃瓦、脊件褪釉；瓦件破损，瓦瓦灰脱落严重，钉帽缺失，脊兽松动；残缺滴水两个，少数木椽代替砖椽，局部大连檐碎裂，无避雷措施。

（5）斗拱：约有五攒局部斗拱构件碎裂、缺失。

（6）油饰彩画：彩画剥落、褪色严重。

（7）装修：三樘大门地仗、油饰破损严重。一樘大门局部变形，门钉缺失六个。

（二）神坛

根据孙承泽《天府广记·卷八·先农坛》载，先农坛"建于太岁坛旁之西南，为制一成，石包砖砌，方广四丈七尺，高四尺五寸，四出陛"。《大清会典》也载有，先农坛"制方，南向，一成，周广四丈七尺，高四尺五寸，四出陛，各八级"。

先农神坛为正方形，边长15.44米，台明用宽0.74米阶条石，四角埋头石下有角柱石，陛板部位均为城砖砌筑。

主要病害：

（1）地面：地面砖风化、碎裂严重，特别是上次修缮中存留的历史原物，约有80%碎裂，上次修缮中更换的砖中，约有30%风化、碎裂严重，雨水渗透入台基内部，破坏基础。

（2）台明：局部台帮砖风化、酥碱严重，灰缝脱落。

（3）踏步、散水：北侧局部散水砖破损20%，砖碎裂，东侧踏步、垂带走闪。

（三）神仓院后院

包括祭器库、东西两侧值房。祭器库建筑面积245平方米，面阔五间26.17米，进深两间9.36米，明间有礓磋踏步，五檩悬山顶屋面，上铺七样削割瓦，此建筑造型开阔而矮小。檐柱高3.16米，而明间面阔为4.8米。建筑仅明间开四扇隔扇门，四抹头，其余各间为隔扇窗。东、西两侧值房，面积各为119.8平方米。面阔三间14.36米，进深两间8.34

米，悬山顶屋面，上铺削割瓦。装修为正方格做法，建筑仅明间开隔扇门，其余各间为隔扇窗。

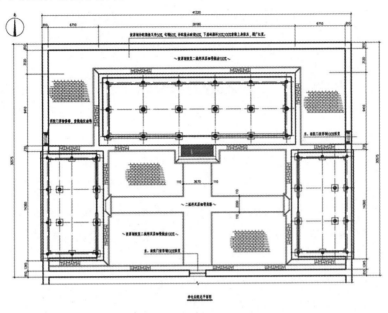

神仓院后院平面图

祭器库主要病害：

（1）散水：室外散水、甬路为糙砌，与原形制不符。

（2）台明：阶条石局部走闪，台帮砖风化、碎裂约 10%，水泥勾缝。

（3）木构架：大木无较大损伤，檐头望板局部糟朽。

（4）墙体：山墙下碱砖局部风化严重，上身外抹红灰褪色严重。

（5）屋面：瓦面、正脊、垂脊基本完好，瓦件破损，瓦面脱节下滑，瓦瓦灰脱落严重，小跑缺失三个、滴水八个、勾头两个。

（6）油饰彩画：前后檐彩画保存较好，下架地仗、油饰开裂、褪色，大连檐、椽飞望板、博缝板油饰剥落。

东配殿主要病害：

（1）台明、地面：室内地面为方砖细墁，保存较好，阶条石局部走闪，台帮砖风化、碎裂约 10%，水泥勾缝；地趴砖糙墁散水。

（2）木构架：大木无较大损伤，檐头望板局部糟朽。外檐后加电线。

（3）墙体：山墙下碱砖局部风化严重，上身外抹红灰褪色严重。

（4）屋面：瓦面、正脊、垂脊基本完好，瓦件破损，瓦面脱节下滑，瓦瓦灰脱落严重，屋面杂草丛生，小跑缺失两个，滴水五个。

（5）装修：装修基本完好，局部破损。

（6）油饰彩画：前檐彩画保存较好，下架地仗、油饰开裂、褪色，大连檐、椽飞望板、博缝板油饰剥落；后檐彩画全无，油饰、地仗全无。

西配殿主要病害：

（1）台明、地面：室内地面为方砖细墁，保存较好，阶条石局部走闪、碎裂2块，台帮砖风化、碎裂约10%，水泥勾缝；地趴砖糙墁散水。后檐新砌台阶，散水全无。

（2）木构架：大木无较大损伤，檐头望板局部糟朽。

（3）墙体：山墙下碱砖局部风化严重，上身外抹红灰褪色严重。

（4）屋面：瓦面、正脊、垂脊基本完好，瓦件破损，瓦面脱节下滑，瓦瓦灰脱落严重，屋面杂草丛生，小跑缺失一个，滴水十个、勾头两个。

（5）装修：装修基本完好，局部破损。

（6）油饰彩画：前后檐彩画保存较好，下架地仗、油饰开裂、褪色，大连檐、椽飞望板、博缝板油饰剥落。

（四）具服殿

具服殿位于拜殿东南，建于1.65米的高台之上。建筑面积392.5平方米，面阔五间27.22米，进深三间14.42米，前置254.5平方米的月台，月台与台明等宽，南面设十级台阶，东西面设八级台阶。五踩斗拱前带月台，七檩歇山建筑。彻上明造，共六个步架，明间前后檐柱承载约10米长的七架梁，省去了前后四根金柱，增大了室内使用空间。

现状病害：

（1）台明、地面：室内地面为方砖细墁，保存较好，月台地面砖风化、酥碱严重约20%，台帮局部水泥砂浆勾缝，其余完好，散水局部破损。

（2）木构架：无较大损伤，檐头望板局部糟朽。

（3）屋面：瓦面、正脊、垂脊基本完好，瓦件破损，瓦面脱节下滑，瓦瓦灰脱落严重。

（4）油饰彩画：彩画保存较好，下架地仗、油饰开裂、褪色。

（5）外檐斗拱：大连檐、椽飞望板、博缝板油饰剥落；外檐斗拱保存较好，有鸟搭窝现象。

（6）墙体：下碱砖风化、酥碱10%、上身抹灰局部空鼓。

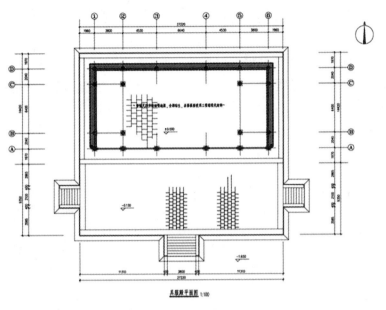

具服殿平面图

（五）焚帛炉

焚帛炉为砖仿木无梁建筑，面阔6.6米，进深3.74米（以外墙皮计），黑琉璃瓦绿剪边歇山屋面，须弥底座，正面设三个大小不同的拱圈门。砖制额枋处雕刻明代旋子彩画，上置砖仿木五踩单翘单昂斗拱。

主要病害：

（1）斗拱：20世纪六七十年代至20世纪90年代，大部分斗拱遭到人为破坏，致使所有斗拱都有破损、缺失现象。砖墙局部破损，东侧墙有开裂现象，昂嘴、槽升子缺失90%。

（2）券洞：券洞内污浊，券脸砖破损，券洞内地面破损。

（3）散水：散水碎裂、破损严重，约70%。

（4）瓦面：瓦面、正脊、垂脊基本完好，局部瓦件破损，瓦面脱节下滑，瓦瓦灰脱落严重，小跑缺失5个，砖椽子破损30%。

（六）太岁殿院

太岁殿建筑群位于内坛中轴线上，院落占地约9076平方米，东、西两侧为东配殿、西配殿，北为太岁殿，南为拜殿，拜殿建筑面积约860平方米。通面阔七间50.96米，前置332.5平方米月台，进深三间

16.88 米（以外墙皮计）。黑色琉璃瓦绿琉璃瓦剪边屋面，单檐歇山式屋面。东西配殿各十一间，建筑面积各为 755.3 平方米，垣一重。

主要病害：

（1）地面：由于上次修缮时经费不足，太岁殿院落地面将二城样细墁地面改为地趴砖糙墁地面，现状地面破损严重，坑洼不平，严重影响游客安全。

（2）月台：拜殿月台地面砖风化、酥碱约 20%。

（3）散水：散水砖碎裂、破损 70%。

（4）室内墙体：太岁殿、西配殿室内上身靠骨灰剥落约 60%。

（5）围墙：勾头、滴水局部缺失，钉帽局部缺失。墙体下碱局部酥碱，表面红浆污染，上身抹灰褪色严重，散水局部破损。

（七）神厨、宰牲亭院

神厨位于太岁殿之西，西北围墙外有宰牲亭，神厨院占地面积约 3791 平方米，东西宽 56 米，南北长 67.7 米，坐北向南，"北正殿五间，左右井亭各一"。

主要病害：

（1）地面：神厨院地面局部崩塌、碎裂 10%，严重影响游客安全；宰牲亭院地面砖局部塌陷、碎裂 10%。

（2）散水：井亭、宰牲亭散水碎裂、破损 80%。

（3）井亭：2002 年修缮中，彩画使用化学试剂防护，新添配木构件断白处理。保护效果十分不好，蜂蛀现象严重，严重破坏木结构，原始彩画继续脱落、褪色。

（4）围墙：勾头、滴水缺失 2%，钉帽局部缺失 10%，下碱局部酥碱，表面红浆污染，上身抹灰褪色严重，散水破损约 20%。

（5）外檐斗拱：鸟窝严重破坏了建筑物的彩画，对于建筑构件也有着不同程度的损伤。

（八）观耕台

《日下旧闻考》转引《春明梦余录》载：具服殿"殿前为观耕台，台用木，方五丈，高五尺，南、东、西三出陛，台南为耤田"；《大清会典》记为：先农坛"东南为观耕台，方广五丈，高五尺，面墁金砖，四围黄绿琉璃，东、南、西三出陛，各八级，绕以白石阑柱"。实测观耕台 16.07 米见方，高 1.6 米（不含土衬石），与上述文献所记尺寸相同。

主要病害：观耕台须弥座外立面全用琉璃砖砌筑，常年在露天环境下，琉璃砖表面已大面积崩釉，砖体风化酥粉严重。由于 1997 年重铺地面方砖时采用方砖透水率很高，这就使雨水直接渗入到坛体，到了冬季发生冻融破坏。且观耕台与地面直接接触，到了雨季，大量可溶性盐随毛细水集中到须弥座琉璃砖表面，再有溶液态转变为结晶态，产生极大的结晶压力，使琉璃砖表面崩釉，砖体风化酥粉。

（九）西坛墙

墙体：大城样糙砌墙体，局部墙体风化严重。

瓦面：约 20%（长 40 米）瓦面渗漏严重，望板破损严重，油饰剥落，局部勾头、滴水缺失 5%。

散水：墙根杂物堆积，掩埋散水，大城样糙砌褥子面散水破损 10%。

四、主要修缮内容

（一）北坛门

修缮部位原始做法：

（1）地面：二城样墁墁地面，细墁做法。

（2）墙体下碱：二城样干摆十字缝，上身：靠骨灰，外刷红浆。

（3）斗拱：三踩琉璃斗拱表面饰彩画。

（4）屋面：七样绿琉璃，大式歇山无梁殿式坛门。

（5）彩画：雅伍墨旋子彩画。

主要修缮内容：

（1）地面：中门、东门按原制恢复地面，西门地面重墁，剔补 80%，补配散水，合理组织排水，重做保护性栏杆。

（2）屋面：捉节夹垄，修补破损大连檐约三米，补配砖椽子十根，补配缺失钉帽、瓦件、滴水两个、瓦件二十块，加固松动兽件，新做避雷措施。

（3）斗拱：按原制补配残损破损斗拱构件五攒。

（4）装修：修补、加固变形大门一樘，补配门钉六个。

针对北坛门下碱墙体采取了传统技术与现代保护技术相结合的方

式：对于局部碎裂严重的砖体采用传统技术进行剔补，其余使用新材料修复。首先对下碱墙体做表面清理，用硬毛刷将砖墙表面灰尘及酥粉沙粒刷掉，将后做水泥全部剔除。再用清水将砖表面冲淋干净，待墙体彻底干燥后再进行下一步工作。其次是做脱盐处理，对于泛碱、酥粉部分进行两遍脱盐处理。最后将墙体外立面加固，对于墙砖缺失的部分，先采用墙砖加固剂涂刷 2~3 遍，对其加固后，待其干燥，再用墙面砖修复剂调和砖粉进行修补。

（二）神坛

修缮部位原始做法：地面为尺二方砖细墁，二城样干摆陡板，青白石阶条石、踏跺、角柱石。

修缮内容：

（1）地面：对于坛台上的明代地砖，用黏接剂加砖粉修补，从而保证历史原物尽量保留。而对于上次修缮中更换的地砖，采用了局部剔补的办法。最后在砖表面做防护处理，刷有机硅防水材料，避免雨水渗透，伤害基础。

（2）台明：剔补破损台帮砖 20%，重新勾缝 50%。

（3）踏步、散水：剔补破损散水砖 20%，重新勾缝，归安东侧台阶、踏步，灰浆稳固。

（三）神仓院后院

修缮部位原始做法：

（1）祭器库，室内方砖细墁，青白石阶条石，二城样糙砌台帮。墙体下碱：二城样干摆，上身：靠骨灰刷红浆。屋面为黑色削割瓦屋面（七样）。装修为正方格做法。雄黄玉旋子彩画，一字枋心，传统油饰。

（2）西配殿，室内方砖细墁，青白石阶条石，二城样糙砌台帮。墙体下碱：二城样干摆；上身：靠骨灰刷红浆。屋面为黑色削割瓦屋面（七样）。装修为正方格做法。

祭器库修缮内容：

（1）台明、散水：归安台明走闪阶条石。剔补风化酥碱台帮砖 10%，重做油灰勾缝，恢复二城样细墁褥子面散水。

（2）木构架：木构架保持不动，抽换檐头望板。

（3）墙体：下碱砖局部剔补 10%，上身抹灰挖补 30%，重新刷红浆。

（4）屋面：查补瓦面，补配缺失小跑三个，滴水八个，勾头两个；瓦面捉节夹垄。

（5）彩画：除尘保护，重做下架、大连檐、椽飞望板、博缝板地仗、油饰。

东配殿修缮内容：

（1）台明、地面：室内地面保持不动，归安台明走闪阶条石；剔补风化酥碱台帮砖10%，重做油灰勾缝。恢复二城样细墁褥子面散水。

（2）木构架：保持不动，抽换檐头望板40%，清除外檐后加电线。

（3）墙体：下碱砖局部剔补10%，上身抹灰挖补30%，重新刷红浆。

（4）屋面：查补瓦面，补配缺失小跑两个，滴水五个；清除杂草，瓦面捉节夹垄。

（5）装修：保持不动，局部修补。

（6）油饰彩画：前檐彩画除尘保护，重做下架、大连檐、椽飞望板、博缝板地仗、油饰，后檐重做地仗、油饰和彩画。

西配殿修缮内容：

（1）台明、地面：室内地面保持不动，归安台明走闪阶条石；剔补风化酥碱台帮砖10%，油灰勾缝。后檐拆除后砌台阶，恢复二城样细墁褥子面散水，环氧树脂粘接碎裂阶条石两块。

（2）木构架：保持不动，抽换檐头望板40%。

（3）墙体：下碱砖局部剔补10%，上身抹灰挖补30%，重新刷红浆。

（4）屋面：查补瓦面，补配缺失小跑一个，滴水十个，勾头两个；清除杂草，瓦面捉节夹垄100%。

（5）装修：保持不动，局部修补10%。

（6）油饰彩画：除尘保护，重做下架、大连檐、椽飞望板、博缝板地仗、油饰。

（四）具服殿

修缮部位原始做法：室内：尺四方砖细墁地面，月台：尺四方砖细墁地面，二城样干摆陡板，青白石阶条石、踏跺，二城样细墁褥子面散水。墙体下碱：二城样干摆；上身：靠骨灰刷红浆。七样绿琉璃，歇山屋面。装修为三交六椀做法。金龙和玺彩画，传统油饰，五彩斗拱。

主要修缮内容：

（1）台明、地面：室内地面保持不动，剔补风化酥碱台帮砖 10%，月台地面砖剔补 20%，青灰勾缝，剔补散水 20%。

（2）木构架：保持不动，抽换檐头望板 50%。

（3）墙体：墙体下碱砖局部剔补 10%，上身抹灰挖补 30%，重新刷红浆。

（4）屋面：查补瓦面，瓦面捉节夹垄 100%。

（5）彩画：除尘保护，重做下架、大连檐、椽飞望板、博缝板地仗、油饰 100%。

（6）外檐斗拱：现状保护，清洗被污染部分，斗拱做铜制防鸟网。

（五）焚帛炉

主要修缮内容：焚帛炉为砖仿木无梁结构，其修缮重点是砖石构件的修补。首先将焚帛炉砖石构件断面上老化的酥粉清除，以保证接缝的准确，用棕刷及清水将断裂表面及缝隙中的污迹尘土清洗干净。其次使用颜色相近的老砖制成缺失部分，在胶结面上做处理，用小锤子凿出小坑以增加断面粗糙程度。再次将 15% 的 paraloid B-72 涂于各断裂面表面，依照可逆性原则形成各断裂表面与环氧树脂间的隔离层。最后用环氧树脂与固化剂按照一定的比例混合，调和成稠状，将黏接剂均匀涂抹于断裂面，焚帛炉其余修缮内容不在此赘述。

（六）太岁殿院

修缮部位原始做法：地面为二城样双层细墁地面，月台为尺四方砖细墁地面，青白石踏步，二城样干摆台帮砖，二城样细墁褥子面散水。

主要修缮内容：

（1）地面：按原制恢复二城样细墁地面。

（2）月台：剔补风化、酥碱严重地面砖 20%。

（3）散水：剔补碎裂严重散水砖约 70%。

（4）墙体：室内墙体上身重抹靠骨灰，刷白色耐水涂料。

（5）围墙：按原制补配勾头、滴水 2%，钉帽 10%，补配散水 20%，下碱砖剔补 5%，挖补上身抹灰 50%，刷广红浆。

（七）神厨、宰牲亭院

神厨院修缮部位原始做法：二城样双层细墁地面，二城样细墁褥子面散水；围墙为八样绿琉璃瓦面，上身靠骨灰，刷红浆，下碱二城样干摆，二城样细墁褥子面散水。

修缮内容：

（1）地面：神厨院剔补二城样细墁地面10%；宰牲亭院地面砖，按原制剔补10%。

（2）散水：剔补破损散水砖80%，重新勾缝。

（3）井亭：木材防腐处理，根治蜂蛀现象，按原制补绘彩画约70%。

（4）围墙：按原制补配勾头、滴水2%，钉帽10%，补配散水20%，下碱砖剔补20%，挖补身上抹灰50%，刷广红浆。

（5）外檐斗拱：现状保护，清洗被污染部分，斗拱做铜制防鸟网。

（八）观耕台

主要修缮内容：疏通观耕台台面排水口。因1997年重铺方砖地面透水率较高，所以针对1997年重铺地面方砖表面，做有机硅防水三遍。对于表面风化酥碱严重的琉璃构件，采取抢救性保护措施，用正硅酸乙酯涂刷三遍，观耕台其余修缮内容不在此赘述。

（九）西坛墙

修缮部位原始做法：大城样糙砌墙体，二号筒瓦屋面，大城样糙砌褥子面散水。

修缮内容：

（1）墙身：剔补破损严重砖。

（2）瓦面：原拆原砌瓦面，更换糟朽望板20%，做好防水处理，补配缺失瓦件5%。

（3）散水：清除杂物，修补破损散水10%。

五、小结

此次修缮工程为了尽可能减少替换古建筑原始构件，保留历史信息，以现代文物保护专业知识技术与传统工艺相结合的方式，对文物病害进行修复，以实现文物修缮中尽可能保留原物的最小干预原则。

孟楠（北京古代建筑博物馆文创开发部　工程师）

从陶然亭慈悲庵修缮工程中
浅述文物建筑的保护原则与实践

◎孟楠

一、陶然亭慈悲庵现状及勘察情况

慈悲庵是北京市重点文物保护单位，占地面积为 2700 平方米，建筑总面积 840 余平方米，砖木结构。庵内主要建筑有山门、观音殿、准提殿、文昌阁、陶然亭等。庵门向东，面阔三间，五檩小式硬山。慈悲庵前院北殿即观音殿，坐北朝南，面阔三间，七檩大式硬山。前院南殿为准提殿，与北面观音殿相对，准提殿南北两向开门，五檩大式硬山。准提殿西侧为准提殿西耳房，其西北侧为陶然亭，陶然亭面阔三间，七

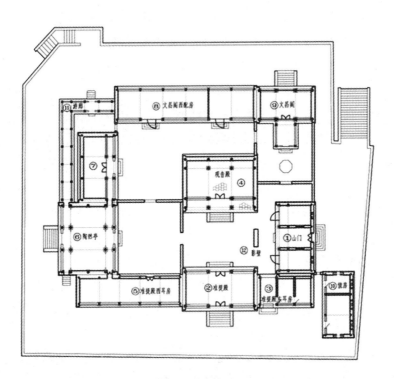

慈悲庵总平面〔现状〕

檩卷棚式，西侧面向西湖，在此观景，京西远山近水，烟树城郭尽收眼底，南山墙上还嵌有江藻的《陶然吟并序》和江皋的《陶然亭记》刻石。观音殿以北即是文昌阁西配房，坐北朝南，面阔六间，五檩小式硬山。其东侧为文昌阁，共两层，面阔三间，五檩小式硬山。整组建筑外观错落，内院幽静，既可茶酒论道，又能远眺抒怀，所以由清以至近代，此处便是文人雅客、革命志士聚会的场所。

（一）前期搜集资料

文献历史资料是修缮设计的重要依据。在进行文物建筑修缮之前，应对建筑始建年代、各时期建筑损毁情况以及对建筑修缮的基本情况、建筑的使用功能、历史照片，进行尽可能翔实的搜集研究。从而帮助我们了解该建筑在整个历史过程中，因何理由而造成的变化（包括：自然破坏，朝代更替的人为拆改，使用、文化功能改变造成的拆修等）。帮助我们在修缮设计时，更准确地制定恢复建筑原貌的方案。

本工程在设计工作进行前，通过对相关史料书籍及档案资料、历史照片的查阅，搜集整理出了慈悲庵的历史沿革，为修缮设计提供了有力依据。相关资料节选如下：

据《光绪顺天府志》称："慈悲庵，古刹也，在黑窑厂西。庵有康熙二年侍读北平田种玉撰重修碑。碑作观音庵，谓创于元，沿于明。则招提胜境，由来旧矣。壁间，有康熙己亥江藻《陶然吟》石刻，则曰慈悲，似一庵而二名也。"

庵内现存有辽寿昌五年慈智大师和金天会九年经幢各一、"陶然亭吟"石刻、"陶然亭记"石刻、"陶然"匾额、"陶然亭小集"诗刻等。据辽幢所载，此处为高僧墓，地在"京东"，即"辽南京城东郊"。元、明、清三代均于此设官窑，烧制砖瓦，名"黑窑厂"，因取土制坯，垒台筑窑，形成洼地和窑台，后洼地积水成湖，窑台上兴建寺观，"慈悲庵"便是其中之一。

庵内偏西为世人皆知的"陶然亭"。《光绪顺天府志》称："陶然亭，康熙三十四年工部郎中监督厂事江藻建。亭坐对西山，莲花亭亭，阴晴万态，亭之下菰蒲十倾，新水浅绿，凉风拂之，坐卧皆爽，软红尘中清凉世界也。"

陶然亭原本不过是江藻自己为工余闲暇休息而建，但建成以后，同僚、士子往来频繁，因亭子容纳人数有限，因此在康熙四十三年

（1704），又"广延同志"，拆除亭子，改建为南北砌筑山墙、东西两面通透的"敞轩"三间，取白居易诗"更待菊黄家酿熟，与居一醉一陶然"之句，定名陶然亭，从此"陶然亭"闻名遐迩。同时江藻又在亭子的壁间刻石"陶然吟"，以留纪念。

《宣南鸿雪图志》中指出："庵于康熙二年（1663）重修。至光绪初年，轩（亭）已无存，慈悲庵仅余三间大殿，光绪二十年（1894）重修，形成现有规模。"

慈悲庵自明朝中叶起为士人名流游息之地，入清建陶然亭后尤盛。200年来，"陶然亭"一直是清季文人觞咏之地，著名的"宣南诗社"就是以陶然亭为活动中心，龚自珍、黄爵滋、林则徐、杭世骏等人均参加过"宣南诗社"的活动。

慈悲庵、陶然亭还是一处重要的革命圣地，"戊戌变法"的发起人康有为、梁启超等人也在此处留有足迹。20世纪20年代初期，李大钊、毛泽东、邓中夏等革命先驱也曾来此进行过革命活动。周恩来领导的天津觉悟社与李大钊领导的少年中国学会，也曾在陶然亭内共同讨论中国革命的前途问题。

1920年1月18日毛泽东与邓中夏、罗章龙、萧三及"铺社"在京成员集会于陶然亭，共同商讨进行驱逐湖南军阀张敬尧问题，会后曾在慈悲庵山门外古槐下合影留念。8月12日上午，周恩来参与并组织领导的天津觉悟社，李大钊同志发动并领导的北京少年中国学会，以及曙光社、人道社、青年互助团五进步团体代表20余人，为促进五四运动后涌现的各革命小团体之间的联合，在陶然亭北厅举行茶话会，并发表了重要讲话。

1921年7月，李大钊同志通过战友陈愚生，租赁慈悲庵南厅两间，为革命者之间的联系提供了一个隐蔽场所。由此至1923年间，李大钊同志利用这两间南厅进行秘密革命活动，这里实际上成为中国共产党成立后刚刚建立的北方党组织的秘密机关。

1976年慈悲庵在唐山大地震中受损，1978—1979年慈悲庵作为革命纪念地获得重修。

1978年8月慈悲庵被列为北京市文物保护单位。同年，北京市人民政府决定对其进行重修。

1979年10月，陶然亭慈悲庵重修竣工后，慈悲庵现辟为小型博物馆，主要介绍陶然亭的历史及革命先辈以陶然亭为活动地点进行的革命活动。

从上述历史资料可以看出，慈悲庵最早创建于元代，明清时几次重修，1894年形成此格局。1976年慈悲庵在唐山大地震中受损，1978—1979年慈悲庵获得重修。

（二）现状勘察

慈悲庵现存古建筑为修缮设计提供了重要参考资料。以山门及准提殿为例，通过比对历史资料（20世纪20年代、50年代、60年代的历史照片）及病害勘查发现，慈悲庵大格局未有大的拆改，单体形制也未有大的变化。但1978年慈悲庵大修并未严格按照文物修缮要求进行，使用了大量的现代建筑材料和技术，严重影响了文物的真实性。

建筑名称	勘察部位	原始做法（20世纪20年代）	现状简况
山门	地面	传统方砖细墁地面	现代水泥方砖地面
	台明	传统砖台帮，青白石阶条石	阶条石局部走闪，蓝机砖台帮风化、碎裂严重，水泥勾缝
	木构架	五檩小式建筑	木构架整体较好，局部破损严重，檐头望板糟朽，檐部椽飞破损，飞椽变形严重
	墙体	下肩：小停泥丝缝 上身：小停泥淌白	墙体上身、下肩、砖均为蓝机砖砌筑，墙体有通裂缝一道
	屋面	二号筒瓦过垄脊	二号筒瓦过垄脊屋面，瓦件破损，表面青灰裹垄局部开裂脱落
	装修	正方格隔扇形式	后作步步紧带帘架隔扇门，木板门装修表面地仗开裂，油饰剥落。
准提殿	地面	传统方砖细墁地面	现代水泥方砖地面
	台明	传统砖台帮，青白石阶条石	蓝机砖台帮风化、碎裂严重，水泥勾缝
	木构架	五檩小式建筑	木构架整体较好，局部破损严重，檐头望板、连檐糟朽，飞椽破损严重
	墙体	下肩：小停泥丝缝 上身：小停泥淌白	墙体下肩砖为蓝机砖砌筑，但保存较好，上身外抹红灰
	屋面	二号筒瓦过垄脊	二号筒瓦过垄脊屋面，瓦件破损，表面青灰裹垄局部开裂脱落
	装修	正方格隔扇形式	后作步步紧带帘架隔扇门，木板门装修表面地仗开裂，油饰剥落

在此基础上进行深化，针对各建筑现状的细部损伤补充其数量，这里就不进行详述了。

二、内页设计——真实性的追求

（一）病害分析

——不当修缮：在 1978 年大修过程中，由于当时的资金有限，并且文物保护观念淡薄，修缮过程中使用了大量的现代材料，严重影响了文物的真实性，与文物修缮原则严重相悖。

——年久失修：在 70 年代的翻建过程后，距今有 30 多年未进行系统修缮，虽说陆续进行了一些零星修缮，但大多数建筑主体未进行整修，建筑诸多位置发生病害，缺乏系统的日常维护和保养工作。

——自然原因的破坏：自然因素对于砖石构件、木材的破坏，严重影响建筑的结构安全和外观风貌。

（二）制定修缮措施

1. 不改变文物原状原则

《文物保护法》规定："对不可移动文物进行修缮、保养、迁移，必须遵守不改变文物原状的原则。"它是高度概括的，为了便于理解和执行，《中国文物古迹保护准则》梳理为 10 个具体的原则。文物古迹的原状包含："历史上经过修缮、改建、重建后留存的有价值的状态，以及能够体现重要历史因素的残损状态。"原则中也指出"尽可能多地保留各个时期的有价值的遗存，不必追求风格、式样统一"。什么是建筑的原状？不一定就是最早历史年代的式样。

慈悲庵文昌阁东墙下碱，嵌有一碑文上刻有"慈悲庵创建于元，明清时几次重修，1894 年形成此布局。五四运动后，毛泽东、李大钊、周恩来等同志曾先后在此从事革命活动，为了保护这一革命纪念地，于 1978 年 11 月按原状修复，1979 年 10 月竣工——陶然亭公园，1979 年 10 月 15 日"。从上可以看出这是 1978 年大修时的记载，说明 1978 年的大修是按照 1894 年的格局来修缮的。我们翻阅了大量资料，关于 1894 年的资料，只剩少许文字说明，即"光绪二十年（1894）重修，形成现有规模"。但我们找到了 20 世纪 20 年代、50 年代、60 年代的历史照片，发现现存慈悲庵与20世纪20年代的慈悲庵大格局未有大的拆改，单体形制也未有大的变化，但是室内地面、墙体材料、装修与20年代照片不符、与文物面貌不符，所以此次修缮的大格局和单体制式维持不变。在现存建筑格局的基础上将墙体、地面、屋面做法、装修、地仗油饰恢复到20世纪20年代风貌，即毛泽东、周恩来等革命活动家在此活动时的慈悲庵的风貌，尽可能地纠正错误历史信息。文物建筑修缮是一项长期的过程，不是一次性完成的。对于有充分依据的建筑按照历史照片、文字的描述的形制恢复，对于无充分依据的建筑维持现状格局，不进行拆改，待今后取得详细资料后再进行彻底修缮设计。

2.尽可能减少干预原则

"最少干预原则"是国际文化遗产保护的一条重要原则，这是一种工作态度，在主观上要有这个意识。在对古建筑进行科学勘察之后，所有的维修都只是针对建筑的残损，消除隐患，绝不可以随意扩大维修的范围。在针对这些残损选择技术措施的时候，首先要选择干预程度较小的一种，只要达到保护目标即可，不要随意增强干预程度。《原则》里也指出："不同时期有价值的单体，有价值的各种构件和工艺手法是必须要保存的现状对象。"下面以墙体部分的修缮为例来说明"尽可能减少干预原则"。

现状墙体为蓝机砖砌筑。依据20世纪20年代的历史照片，我们将墙体部分方案制定为将全部蓝机砖墙体及台帮更换为传统材料，上报文物局。文物局原则同意该方案进行，但提出"慎重考虑对墙体的处理办法，减少原有砖的更换数量"。后经与专家组讨论，认为墙体材料虽然不理想，但做工精细，且现状较好，且为上世纪70年代的维修，是此时期的价值遗存。如果拆除，对建筑扰动较大。所以经讨论后我们将墙体的修缮方案更改为：只拆除、更换破损的墙体，其余完好部分不做更换。

大木结构最大限度地减少扰动。经勘查慈悲庵内大木结构基本完好，慈悲庵内均无落架大修。

3.最大限度地保存原形制、原结构、原材料，使用原工艺

在《文物保护法》"不改变文物原状"原则颁布之后，罗哲文先生在联合国教科文组织召开的亚太地区文物保护会议上发言，进一步归纳为保存文物价值的四个方面，即"保存原来的建筑形制，保存原来的建筑结构，保存原来的建筑材料和保存原来的建筑技术"。

文物建筑本身是最根本的信息来源，而且文物本体具有唯一性，因此尽一切可能保存文物本体是非常重要的。上世纪 70 年代的维修，仍保留了一部分老材料与老做法，如准提、观音二殿的木构件等要尽可能保存。柱子是大木结构中一个重要构件，主要功能是用来支撑梁架的。由于年久失修，柱子受干湿影响往往有劈裂、糟朽现象。尤其是包在墙内的柱子，由于缺乏防潮措施，柱根更容易腐朽，影响了承载能力，根据不同情况，应做不同处理。木柱轻微的糟朽，往往是柱子表皮的局部糟朽，柱心还完好。对于这种情况通常采取挖补的办法，具体做法是先将糟朽的那一部分用凿子剔成容易嵌补的几何形状，要把所剔的洞边铲直，洞壁也要稍微向里倾斜，洞底要平实，再将木屑杂物剔除干净。然后用干燥的木料，尽可能用和柱子同样的木料，制作成已凿好的补洞形状，将补洞的木块砌紧严实，补块较大的还可用钉子钉牢，将钉帽嵌入柱皮以里，为地仗油饰做好准备。

对于糟朽比较严重的，一般用墩接方式部分保存了原材料，对少数完全丧失承载力的柱进行了抽换，最大限度地保存属于原状的木质构件。

4. 修缮措施

以山门、准提殿修缮措施为例，在此基础上进行深化，针对各建筑的细部损伤补充其更换修补的数量，从而完成设计文件来具体的指导施工，这里就不进行详述了。

山门、准提殿修缮措施表

建筑名称	修缮部位	主要修缮措施
山门	地面	恢复尺二方砖细墁地面，表面全部钻生
	台明	归安走闪阶条石，恢复大停泥干摆十字缝台帮
	木构架	据实修补破损木构架
	墙体	拆除所有墙体，按传统形式恢复下肩：小停泥丝缝；上身：小停泥淌白
	屋面	挑顶修缮，恢复清水瓦面、过垄脊形式，据实补配糟朽椽望，按原制补配破损瓦件，补配破损勾头、滴水
	装修	拆除原有装修，保留槛框恢复檐步正方格形式装修 100%，重做地仗、油饰

建筑名称	修缮部位	主要修缮措施
准提殿	地面	恢复尺四方砖细墁地面，表面全部钻生
	台明	归安走闪阶条石，恢复大停泥干摆十字缝台帮
	木构架	据实修补破损木构架
	墙体	墙体维持现状不动，上身重抹靠骨灰，外刷广红浆
	屋面	挑顶修缮，据实补配糟朽椽望，按原制补配缺失瓦件；修补破损正脊、垂脊，补配小跑
	装修	拆除原有装修，保留槛框恢复檐步正方格形式装修100%，重做地仗、油饰

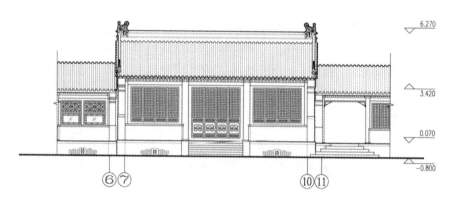

准提殿南立面

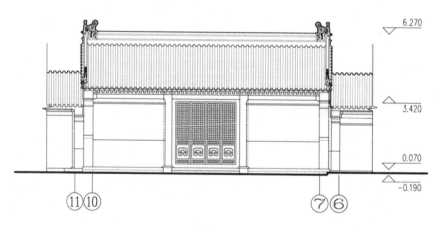

准提殿北立面

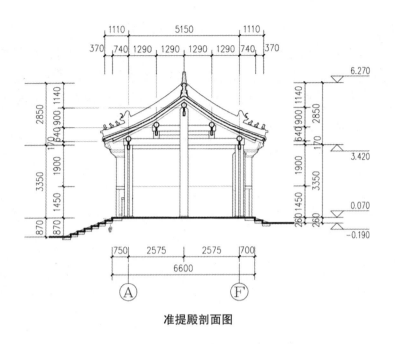

准提殿剖面图

三、施工中的工作——传统技术的保护

《中国文物古迹保护准则》规定"独特的传统工艺技术必须保留"。强调保持传统工艺有两方面的原因：一方面保持原来的工艺以便更完善地保持古建筑的原状，科学地表达传统工艺的真实情况；另一方面，就是借此保持古代的传统技艺，使之流传下去，为子孙后代研究传统工艺保存活的"标本"，作为教育后代的教材。

以屋面做法为例，屋面苫背通常分为三层，自下而上依次为护板灰、泥背、青灰背。护板灰是传统的防水保护层，是屋面工程防水的最后一道防线。在望板铺钉后，在其上抹护板灰一层。由于护板灰直接抹在望板上，对木结构的保护具有重要作用。泥背层，曲线须柔顺，其作用主要有两个，一是保温，二是使屋面曲线更为柔顺。泥背之上为青灰背，不得少于三浆三压，保证成品不出现裂缝，青灰背晾至九成干后再瓦瓦。以上为苫背的传统工艺做法。而现在很多古建筑修缮工程采用了大量的现代工艺做法。虽然现代工艺及材料使建筑的耐久性得到了改善，但对传统工艺的传承与保护有着相当大的负面影响。

传统技术保护需要传承和振兴，最根本的保护在于传承。"手艺"是通过一定规模的工程实践来发展和传承的，记录保存是必要的，但是代替不了实践中的传承。中国古建筑的营造技艺有着鲜明的时代性、地区性，历史上物流和信息的闭塞，口传心授的传承方式使得不同地区的古建筑技艺得以独立的发展，形成相对稳定的特征。然而近百年中国社会的快速发展动摇了传统技术的基础，中国传统建筑也面临极严重的危机，而我们今天面临的问题是挽救技术的失真，自觉保护和传承传统建筑营造技艺是我们的责任。

孟楠（北京古代建筑博物馆文创开发部　工程师）